OPEN DESIGN

AND

开放设计与创新

激发每个人的创造力

INNOVATION

Facilitating Creativity in Everyone

［英］里昂·克鲁克香克（Leon Cruickshank）◎ 著

任莉　张建宇 ◎ 译

U0348822

人民邮电出版社

北　京

图书在版编目（ＣＩＰ）数据

　　开放设计与创新：激发每个人的创造力 ／（英）里
昂·克鲁克香克（Leon Cruickshank）著；任莉，张建
宇译. -- 北京：人民邮电出版社，2016.7
　　ISBN 978-7-115-42928-5

　　Ⅰ．①开… Ⅱ．①里… ②任… ③张… Ⅲ．①产品设
计 Ⅳ．①TB472

　　中国版本图书馆CIP数据核字(2016)第146432号

内 容 提 要

　　在不同领域中，非专业设计以外的创作活动均层出不穷，设计与非设计之间的界限正在模糊，开放设计由此产生。本书作者长期从事开放设计的研究，在本书中他细致入微地剖析了"非专业设计人员"的创造力，并且就如何激发这种创造力给出了独特的见解。同时，本书通过分析之前从未公开过的开放设计案例，帮助读者从实践方面理解众包、联创、本土化设计等"草根"设计以及设计师与普通人在未来的新型关系。本书讲解客观、中立，既质疑了"设计师是创新的源头"这种说法，也批评了对开放设计这种新兴现象的过分吹捧。

　　希望大家在阅读后，能明白当设计师不再作为设计的灵魂人物，设计也不再是遥不可及的神话时，普罗大众、芸芸众生都成了当下各类个性化产品和服务的设计者，显然每个人都要迅速适应新角色。

　　本书是企业产品和服务开发设计者、市场营销人员、企业管理者应对未来趋势的参考攻略。

◆ 著　　　　　〔英〕里昂·克鲁克香克（Leon Cruickshank）
　　译　　　　　任　莉　张建宇
　　责任编辑　　姜　珊
　　责任印制　　焦志炜
◆ 人民邮电出版社出版发行　　北京市丰台区成寿寺路 11 号
　　邮编 100164　　电子邮件 315@ptpress.com.cn
　　网址 http://www.ptpress.com.cn
　　北京隆昌伟业印刷有限公司印刷
◆ 开本：700×1000　1/16
　　印张：13　　　　　　　　　　　　　　2016 年 7 月第 1 版
　　字数：110 千字　　　　　　　　　　2016 年 7 月北京第 1 次印刷
　　　　　著作权合同登记号　图字：01-2015-2580 号

定　价：55.00 元
读者服务热线：（010）81055656　印装质量热线：（010）81055316
反盗版热线：（010）81055315
广告经营许可证：京东工商广字第 8052 号

关于《开放设计与创新》的评论

彼得·特克斯勒（Peter Troxler）

荷兰鹿特丹应用科学大学（Rotterdam University of Applied Sciences），《当今开放设计》（Open Design Now）高级编辑

从很多方面来看，里昂·克鲁克香克所著的《开放设计与创新》都是一部全面、大胆、实用的开放设计领域的力作。这本书建立在翔实的历史数据基础之上，从专业角度出发，通过研究 5 个案例提出了确凿的结论，并且向"开放设计师"提出了非常实用的建议。里昂·克鲁克香克通过这一著作成功地表达了他对开放设计的真知灼见，说出了自己的想法，超越了以前的很多汇编作品，比如我写的"开放荷兰"一文。

瑞秋·库珀（Rachel Cooper）

英国兰卡斯特大学（University of Lancaster）

克鲁克香克向我们展示了关于发展迅速的开放设计与创新领域中的很多独到、吸引人的见解。本书介绍了开放设计的起源、理论基础，以及激发每个人创造力的实用方法。

目录

第一部分　不同语境中的开放设计 / 1

当下的开放创新涵盖民主化创新、众包、消费者即生产者的活动，等等。开放设计与创新领域包含内容之广超乎任何传统理念对此所作的设想。

OPEN

DESIGN

AND

INNOVATION

OPEN

DESIGN

AND

INNOVATION

第一部分

不同语境中的开放设计

OPEN DESIGN AND INNOVATION：

Facilitating Creativity in Everyone

OPEN

DESIGN

AND

INNOVATION

第一章

| 开放设计介绍 |

本章将介绍一种看待开放设计的新观点。这种观点并不看重技术，而是更看重潜在的人的动机。它认为人的动机将决定开放创新的发展方式。本章还将描述贯穿全书的开放设计的五大关键主题。最后，本章的结尾部分将勾画出全书的框架结构。内容涵盖创新、设计、本地化活动（vernacular activity）中的开放设计基础，一系列新的案例研究，以及对新生代"开放设计师"的建议等。

不同语境中的开放设计

目前对设计和专业设计的含义并没有一致公认的**解释**，因此谈论这两个话题不可能脱离语境的限制。我们经常谈论的是产品设计、场地设计、政策设计；我们可能正在谈论职业设计师的行为，某个以设计为生的人，我们还可能正在谈论产品、场地、政策的创作与产生，这个过程中会有许多决策者参与，而他们不一定是专业设计师。

那么这里我们说的"开放设计"是什么意思呢？开放（open）的字面意思是"非固定或非封闭的"，或"暴露在空气中的"，或"展示中的"。当我们想到设计时，我们可以说"开放"是设计的常态——每个人每一天都在通过上百个价值判断和决定做设计；大多数人做的设计决定与他们的日常生活和工作方式有关，更具体地来说就是穿衣风格，布置房间的风格以及沟通风格。

从这种意义上来讲，我们这里所说的"开放设计"一词涵盖了非常宽泛的领域，并没有凸显创意过程中专业设计师的优势。例如，有些产品和服务源自精巧的设计活动，但并没有专业设计师参与其中。以乐高公司为例，它在全球范围内建立了用户社团，帮助其开发乐高的 Mindstorms 产品。还有一些专业设计师直接建立项目，但他们并不"掌控"这些项目或直接做设计，他们与创作过程中的诸多协作者别无二致，例如，大型城市开发项目，以及社区居民享有话语权的共同设计项目。

一些评论家认为开放设计的发展得益于数字网络技术的发展，但其实早在数字技术出现之前，开放设计就已拥有了悠久的历史。例如，早在 19 世纪，随着炼铁和蒸汽机的兴起与发展，商业竞争对手之间就已存在开放设计活动。铸铁厂厂主与竞争对手以及将要进入炼铁行业的人自由地分享他们的熔炼实验。由此带来的结果是在 20 年的时间里，"熔炉的高度从 15 米——以前的标准——增加到 24 米以上，炼铁温度从 316 摄氏度增加到 760 摄氏度"，极大地提高了炼铁行业的整体效能。

时间更近的例子是在 20 世纪 80 年代，办公室中影印机的广泛普及促使相当多的爱好者杂志和昙花一现的自费出版杂志如雨后春笋般涌现。这些自制杂志在当地的社区或朋友圈中传播。其中有一本杂志脱颖而出，因为"每买 1000 本杂志即可免费获赠一碗早餐麦片"，并且在这本杂志的封面粘着一个糖霜泡芙。非专业设计师的才干、机智、创造力由此可见一斑，同时这也表明非设计创新或本土化设计昙花一现的特性。与专业设计毫无关联的这类玩票活动屡见不鲜。它们的产生、兴旺、消失均在自己的圈子范围内，在自己圈子外却无声无息，无人知晓。

"本土化"设计独立于传统的设计经济，有关开放设计的著作对其着墨极少。这表明设计界实际上并未完全理解开放设计的含义。要想真正了解开放设计的知识基础，需要仔细查考有关创新的研究。作为管理研究的分支，创新研究兴起于 20 世纪 30 年代，是一个重要的研究领域。创新研究的多个分支与开放设计有关，包括民主化创新、开放创新、吸收能力（吸纳新观点）、动态能力（吸纳新观点后产生变化）、社会创新、网络效应及其特点、社区和集群。在接下来的章节中，本书将讨论其中的一些研究分支。

数字网络技术的作用

数字网络技术在开放设计领域起到了加速器的作用。一直以来，人们都在利用技术开发各种可能性[①]。数字网络技术为开放设计提供了新的

---

① 参见奥次颂和品茨，《用户如何重要：共建用户和技术》，2003 年。

可能性，这在创新的各个阶段都有所体现：从搜集灵感和信息、开发概念、测试、原型设计，到营销和销售设计。容易传播、复制、修改和交流的创意对设计的影响最大。创新研究中有一个经典的案例研究记载：

> 由世界各地的冲浪爱好者组成的小社团自己动手设计风筝并且在内部交换 CAD 文件，由此彻底变革了风筝冲浪这项极限运动。一家领先的冲浪公司关掉了自己的研发和设计部门，因为该公司认为他们不如社团设计师高效[①]。话虽如此，但事实是新的技术只有与更广阔的社会步调保持一致，才能获得发展动力。因此，我们从事开放设计时如何理解非技术因素至关重要。

放眼技术能力之外

本书的目的在于揭示开放设计泛泛之谈下所隐藏的实质内容。本书绝口不提乌托邦式的预言猜想，而是认真审视在未来几年影响开放设计发展（或倒退）的几个根本问题。尽管技术可以或多或少影响这些关键问题，但本书认为，从根本上看，无论开放设计怎样发展，它都是技术能力的支配者。其实几年后的 3D 打印机有什么样的功能，或者某个网站能提供什么样的服务内容都无关紧要；对于开放设计的可持续性来说，真正重要的是利用这些新兴技术的可能性，使之激发普通人的热情和动力。

这种淡化技术重要性的观点与一些开放设计的定义相悖，包括阿特金森（Atkinson）提出的开放设计定义，他认为开放设计是："原本无关的个体所组成的分散群组在互联网环境下协同创作作品。"[②]我与阿特金森站在不同的立场上——我认为，开放设计的潜在动机比其所运用的工具变

[①] 希佩尔，2006 年。
[②] 克鲁克香克和阿特金森，2013 年。

化得更为缓慢，因为这些动机更多地出于人的本性，而非技术的可能性。无论是 20 世纪 60 年代对创新革命的呼吁，20 世纪 70 年代如雨后春笋般涌现的朋克乐队，还是 20 世纪 80 年代爱好者杂志的原型设计，以及 Fab Labs[①] 和 Kickstarter[②] 同其他当代开放设计平台的案例，它们的动机都如出一辙。

本书将关注五个关键问题，它们共同决定专业设计将怎样适应开放设计的多种可能性。从广义上说，专业设计将褪去创作和技术制作的守卫者身份（比如印刷厂、网站或重型制作机械），步入协作程度与集体化程度更高的工作模式。本书涉及的关键问题如下：

1. 开放设计的格局以及相关文献；

2. 实践中开放设计方法的多样性；

3. 传统设计师在真实世界以开放设计的方式开展商业项目时所面临的问题；

4. 培养新生代开放设计师的设计教育策略；

5. 新生代开放设计师的行动以及他们能带来的好处。

通过关注上述五个关键问题，本书将探索、建议、推动专业设计师参与到开放设计中来。我一再强调设计师应该参与开放设计过程，这或许有些奇怪，但是实际上专业设计师并非开放设计领域的驱动者；甚至在很多情况下，专业设计师被视为局外人。在图形通信特别是网络图形通信领域，图形设计师（或其他设计师）的创作占比越来越小，而越来越多的人正使用着操作门槛越来越低的平台创作着自己的作品。这些平台包括博客网站如 Wordpress、Facebook、"设计自己的公司网站"的收

---

① Fab Labs 是个提供数字制造工具以促进新发明的国际性非营利组织。——译者注

② Kickstarter 是一间于 2009 年在美国纽约成立的商业公司，通过该网站进行公众集资，为创意项目筹集资金。——译者注

费服务（使用模板快速建立入门快且可用的网站）。

有些人认为专业设计以外的创作活动层出不穷，这是件好事；他们推断随着时间的推移设计师这个职业可能会慢慢消失。还有一种与之相悖的观点则是，如果设计师找到帮助人们进行设计而不将自己的价值观强加于人的方法，设计成果将会更加出彩。人们认为设计教育将根本改变开放设计的技能与能力，比如，在创作能力、整体性思维、可视化技巧等方面。在开放设计过程中，设计师面临的最大挑战之一是：他要从高高在上、统揽大局的位置上退下来，协助参与者并激发他们最大的创作潜能。对于专业设计师来说，这并不是无关紧要或少数人的问题。摄影和图形设计领域所发生的翻天覆地的变化已经开始影响产品设计和其他设计领域了。几乎所有的设计领域都必须及时回应开放设计的潮流，若不顺应，就要面对消亡的危险。

本书的结构

本书分为三个部分：第一部分汇集开放设计和创新领域的不同观点；第二部分介绍从未公开的几个案例研究；第三部分带您对设计的未来一探究竟。第一部分还将探讨第一个主题：设计、创新和开放设计的格局。了解这个领域的理论基础至关重要，因为只有先有一个大体的了解，我们才能够在专业设计和更广泛的开放设计活动之间建立全新的、富有成效的关系。这部分开篇将详细介绍设计和创新之间的关系。设计和创新之间有许多重合和共同之处，但也存在一些差异；例如，长达 650 页的《牛津创新手册》（*Oxford Handbook of Innovation*）的索引对设计只字未提。

正是因为创新研究对设计没有先入为主的概念与观点，它与开放设计的相关度就较高。特别是有些论述开放创新过程的著作对设计只字未提，内容则涵盖民主化创新、众包、消费者即生产者（pro-sumers）等活动。

开放设计已经超出了联创（mass creativity）和包容性设计（inclusive design）的范畴。从创新分析的角度出发，我们将继续探索联创带来的影响及其蕴含的意味。联创是指分散在世界各地的组员，协同合作来完成创造性项目。例如，曾有一群外科医生齐心合作，发明了第一台心肺机——同时移植心脏和肺器官时维持病人生命的机器。再举一个更加通俗易懂的例子，成百上千个来自世界各地的业余电影制作人曾一起翻拍《星球大战》，每个参与者只制作了 15 秒钟的镜头，风格各异；使用的技术从真人动作到计算机动画再到手办模型演绎，不尽相同。

了解了联创通常略显杂乱无章的流程后，我们来看一下专业设计如何回应联创，采用什么方法让人们参与到创作过程中——满足开放设计这一关键需求。联创关注以用户为中心的设计，多采用观察和焦点组以及其他方法，这在传统设计主流中非常流行。我们将联创与参与式设计进行对比；前者非常强调开放性地对待参与者的创造力，但有一套控制性很强、井井有条的方法。

第一部分的结尾将介绍设计行业对已溶入创新研究血液中的"草根"创造力和"草根"创意的回应，比如联创和众包。这些回应包括设计师努力掩盖作品的设计痕迹，比如，设计机构伪造"用户生成内容"；或者制作半成品，让客户在家完成，例如，楚格设计出品的须客户自己敲打成型的金属立方椅。本书还将介绍设计师各显神通，创建新的结构以帮助人们发挥自己的创造力的案例，比如，Wordpress 这样的博客网站就是这类平台的典范。

本书第二部分包含了一系列案例研究，每个案例都会对应上面提到的一个核心主题。这些案例研究都来自真实的项目和活动，比较接地气，并且在以前的设计或开放设计著作中从未公开过。

前两个案例研究注重开放设计方法的多样性，第一个案例是由微软研究所开发的开源技术平台 Gadgeteer；第二个案例是法国的 27 区公共服务项目，它采用的方法侧重点在于人，27 区是协作开发和原型设计公共服务的先锋。这两个案例形成了鲜明的对比。

第三个案例研究指出传统设计师以开放的方式从事设计时常面临的一些问题。具体来说，设计师用开放的方式与刚退休的居民共同合作进行埃因霍温（Eindhoven）设计项目时，他们所面临的挑战。银＝金（Silver=Gold）项目非常具有代表性，展现了设计师放弃掌控设计流程的创造性环节时须面对的困难。

第四个案例研究是，代尔夫特理工大学（Delft Technical University）改变课程内容，以帮助学生在设计项目中采用更开放的方式。大学现在开设了教授学生"促导"他人创造力的课程（或模块）。这表明系统化地培养新生代开放设计师的工作已经迈出了第一步。

第五个案例研究记录了基于开放设计思潮的一种新的设计流程。开放设计师团队开发了一种新方法，由此在高端城市设计项目中发挥积极的作用，同时保持平等的合伙人身份，而不再担当传统创新过程的守卫者。

本书最后一章将以对设计、联创和创新的广义理解以及相应的案例研究结束。同时阐述了未来设计师们怎样更加积极主动、循序渐进地投入到开放设计的项目中。

第二章

| 不同语境中的创新与设计 |

开放设计介于设计与创新的中间地带。本章将探讨这两个领域之间的关系，描述新的开放设计项目和活动开展的背景与格局。本章将特别介绍开放创新，并对有关开放创新以及它与开放设计之间关系的传统理念提出质疑。

创新与设计之间的关系

在当代文化中，"创新"一词被过度使用，它已成为新兴事物、进步或经济发展的代名词。"创新"的含义让人很困惑，但创新的基础性研究对于理解开放设计却至关重要。精准把握"创新"含义如同在贩卖高效解决方案的"机场书店"中大浪淘沙，发掘有价值的观点和研究有一定的难度。做到这一点，我们首先需要明白设计和创新之间的关系。本书收集的大多数论述开放设计的观点都对此有所研究。

即使过滤掉术语"创新"的一般性或泛泛的讲解，还有大批围绕创新的著作；同样关于设计的著作文献也有很多。本章的目的并不是阐述创新或设计的定义——想了解它们的定义，请从盖伊·尤利尔（Guy Julier）所著的《设计的文化》（*The Culture of Desiqn*）以及法格伯格（Jan Fagerberg）所著的《牛津创新手册》读起。本章将理清这两个常有交集的术语的共同之处。

创新和设计之间的界限错综复杂，难以界定，因为人们对这两个领域之间关系的认识普遍缺失。例如，法格伯格在长达 650 页的创新定义性著作的索引中并没有提及设计。我最近回顾了 10 本主要的有关创新的教科书，发现这 10 本书无一开设设计章节，甚至有些教科书都没有设计小节 [①]。

从设计的角度看，它有时对创新充满了敌意。在《与创新一起坠落》（*Down with innovation*）一书中，里克·波因纳（Rick Poynor）认为"创新"是商业发明的术语，企图从设计师那里夺走设计活动。其他的设计评论家则将设计和创新一视同仁，好像它们毫无差别。

[①] 霍布迪、博丁顿和格兰瑟姆，2011 年。

IDEO 公司创始人汤姆·凯利（Tom Kelley）在他的著作《创新的艺术》（*The Art of Innovation*）与《创新的十种面孔》（*The Ten Faces of Innovation*）中就表达了这种立场——创新和设计这两个术语可以互换使用。IDEO 公司要尽可能扩大它的服务受众，所以从商业战略上来说，包揽创新专家和设计专家两个称号，何乐而不为？

将设计和创新混为一谈只会让这两个术语各自流失部分含义。在下文中我们将看到，创新和设计截然不同，对开放设计领域也有各自独特的贡献。

创新和设计之间的共同之处不多，但呈现出逐步增多的趋势。罗伯托·韦尔甘蒂（Roberto Verganti）、詹姆斯·拜克（James Utterback）、贝蒂娜·冯·斯塔姆（Betlina von Stamm）、迈克尔·霍布迪（Michael Hobday）等作者的著作专门关注与探讨了这一问题。尽管无从考证这些作者是否在这两个术语的含义上达成过共识，但是他们对设计和创新的阐述处于一致的语境。"创新的维度：在更广阔的语境中设计"（The Innovation dimension: designing in a broader context）一文对此展开了详细的论述[1]。

设计与开放设计

罗内·卡杜辛（Ronen Kadushin）在他的硕士论文中首次提出本书所采用的"开放设计"语境，后来被正式纳入开放设计宣言[2]。这纸宣言言简意赅，呼吁对开源软件生产进行物理模拟（physical analogy）。开放设计宣言缺少与广义的传统设计或专业设计之间的联系。开放设计动摇了专业设计的一些特征，比如，个性的价值和设计师作为创作主体的

---

① 克鲁克香克，2010 年。
② 卡杜辛，2010 年。

作用。只有了解专业设计的本质，才能赋予设计在开放设计中新的角色身份。

解读设计师

通常设计师都会摆出一副不食人间烟火、高不可攀的姿态；这与艺术和设计学校的传统教育不无关系，这些学校鼓励与褒奖离经叛道、打破常规的行事作风。"不走寻常路"的文化在设计中根深蒂固——20世纪30年代的德国公立包豪斯学校（Bauhaus，当代设计教育的摇篮），学生们偶尔会光脚"穿"着画在脚上的鞋来上课。

很多当代设计师靠施展"魔法"解决问题，卖出服务，然后转战下一个城市／公司／行业。传统的、主流的设计观念认为设计师是穿着铮亮盔甲的骑士，仰仗着他们的个人才华，发现并解决问题。例如，保罗·兰德（Paul Rand），美国20世纪50年代的图形设计大师，曾说过：

设计是个人行为，源自个人的创作冲动。尽管集体设计或委员会设计也会偶尔奏效，但它们会剥夺设计师的个人成就感和实现自我所带来的喜悦；甚至会妨碍他的思考过程，因为设计无法在自然、无压力的环境下熟能生巧……[①]

如今设计师孤军奋战已是非常罕见。设计越来越强调协作，团队合作正在成为常态；开放设计就是新式合作的极致体现。设计师绝对不是开放设计与创新过程的掌控者，尽管他们可能会对其做出活跃的贡献。在本书的第二部分，我们将看到设计师从"天才"到"促导者"的身份转变。我们还将看到这个变化对一些设计师来说绝非易事。设计领域已

① 兰德，1993年。

向更多协作方敞开，促使一些领先的设计机构（如代尔夫特理工大学）开设新的课程，以培养具有设计促导技能的设计师。

稍后在本书中我们将认识一些设计师，他们将自己的个人价值定义为"有创意"。通过对银＝金项目的案例研究，我们将看到参与开放设计的其他人并不认同设计师的提议，而是认为设计师的价值仅在于他们带来的设计技巧以及看待问题的视角。在设计师看来，开放设计的创意往往平淡无奇，然而正如一位议会官员所说："为什么创意要石破天惊？这是我们的日常工作，而设计师只是过客。"设计师的挑战在于，他们通常会认为自己的创意更出色，即使他们"只是过客"。

重新定位设计师的角色，不再把设计师视为项目的主要创造力的来源，这将动摇设计师涵义的根基。为了一探究竟，我们有必要追溯"设计"的来源。克拉斯·克利本道夫（Kiaus Kripendorff）将词语"design"的含义追溯为"De＋signare"，表示描述符号的某个事物[①]；而盖伊·尤利尔认为词语"design"的现代含义源自文艺复兴时期的词语"designo"，意思是，画壁画的人完成基本线条后，再由其他人为壁画上色。

尤利尔认为，设计师勾画草图，确定壁画的构图，其他人在线条中间上色，这样的分工代表了构思和实施的分离，这也是设计的基本特点。设计师制订计划、蓝图或说明书，其他人负责实施。

设计师的诞生

过去企业家和各种事物的爱好者一般会雇人按照他们的想法制作东西，但工业革命的到来彻底改变了这种局面。在 19 世纪早期，各行业均迫切地需要那些能将新技术转化为资本的人才。19 世纪 50 年代，"设计

---

① 克利本道夫，1989 年。

学校"在曼彻斯特、利兹、伯明翰应运而生，以促进"产品的视觉创新"。1875 年，这些学校共为纺织、家具和陶瓷行业培养了 15 000 名人才 [①]。设计师成为连接生产技术、市场需求和投资回报率等商业问题的枢纽。

从 19 世纪到现在，消费者、生产技术和商业模式已经发生了翻天覆地的变化，即便如此，最初设计所发挥的作用仍然影响着我们对当代设计师的认知。以汽车行业为例，通过标准化的批量生产以降低成本的商业模式已退出历史舞台；现在甚至廉价车也是按照订单定制化生产的。由于生产效率提高以及供应链管理的诞生，批量生产的效率和产品个性化已可以兼顾。第四章我们将介绍设计是如何从生产需求转变为新兴的职业类型的。

布莱恩·劳森（Brian Lawson）著书多部，均论述了规划和实施的分离是设计活动的定义因素。在《设计师怎么想》（*How Designers Think*）[②] 和《设计师知道什么》（*What Designers Know*）[③] 这两本书中，劳森引用了对认知科学的研究，论证了设计师的独特之处。他认为设计师在很大程度上依靠可视化来解决问题，与其他实践性或实验性方法相比，设计师在解决问题方面有得天独厚的优势。劳森将建筑创新（通过可视化发展迅猛）与铁匠创新（基于实践的方法，进步缓慢）进行了比较。

设计师不是一般人（有不一般的大脑）的说法引发了新的问题，究竟是谁在做设计？有些人对设计持非常大众化观点，例如，赫伯特·西蒙（Herbert Simon）认为："设计是美化已有的条件。"[④] 维克

OPEN
DESIGN
AND
INNOVATION

开放设计与创新

---

① 帕维特，1984 年。

② 劳森，1999 年。

③ 劳森，2004 年。

④ 霍布迪、博丁顿和格兰瑟姆，2011 年。

多·帕帕奈克（Victor Papanek）则强调人人都是设计师。上述这些对设计的定义和理解明显与劳森的观点相悖。

辨认设计师与识别摄影师有几分相似。就设计而言，有时正如摄影，既有非常专业的内行，也有很多从未接受过任何专业训练的人在拍照片或做设计，比如，那些成功设计自己的房子，或设计杂志及 Facebook 网页的普通人。比较这两类设计活动的难点在于这两类人对成功的标准或"框架"的定义截然不同。正如跨国公司与博客或地方报纸相比，对成功的标准也有着天壤之别。

开放设计不仅要汇聚不同的参照框架，而且要保留它们的独特性。多位设计师合作就像用相似的思维方式思考，得出相似的创意，壮大设计师团队将增加创意的数量，但本质趋同。开放设计的力量则在于，在创意过程中结合截然不同的见解和观点。设计师可以为开放设计做出创造性贡献，既保持了鲜明的个性，也借鉴了团队中其他人的观点。尽管做到这一点难度重重，但是有双重好处：一是当专业设计师褪去生产技术守卫者的角色后，可以继续发挥作用；二是项目将有可能获得更好的设计解决方案。

对于怎样看待世界的参照框架的描述，最广为人知的版本源自托马斯·库恩（Thomas Kuhn）对后世影响深远的巨著《科学革命的结构》（*The Structure of Scientific Revolution*）[①]。库恩提出"范式"（paradigms）的概念，以表示帮助我们形成世界观的参照框架。他以人类对天文学的认识为例来解释范式，从人们原始的天文观到后来其被完全推翻，再到天文学革命的爆发，范式在不断演变。公元前 2 世纪，克罗狄斯·托勒密（Claudius Ptolemy）开发了一种科学方法，认为地球是宇宙的中心，

---

① 库恩，1970 年。

其他星体围绕地球转动。很长一段时间内，这个模型被一再修改，以便可以越来越准确地观察到星星和行星的运行方式。改动后的模型又被沿用了数百年，直到被哥白尼完全推翻。哥白尼将太阳作为宇宙的中心，引发了科学革命和新模型的诞生。反过来这个模型也在不断被细化、修改，以适应天文观察的新需要。

棘手问题

在不同的参照框架下工作的人很难在彼此间建立有意义的关联，因为他们的世界观完全不同。

设计理论学家理查德·科因（Richard Coyne）巧妙地引用"框架不可共量性"，揭示了设计科学家如赫伯特·西蒙（科因将其归类为"系统化者"）和设计师之间观念的碰撞。后者的方式更偏向诠释性，更加后现代。科因接受设计师的方式，尽管它缺少确定性和衡量标准。具体来说，他引用了霍斯特·瑞特尔（Horst Rittel）所提出的"棘手问题"（wicked problems）的概念。棘手问题的特点是无法清楚定义的，这里没有一个准确的答案。科因认为除数学以外的所有问题都是棘手问题。科因提出的两个框架之间的对比在建筑业中找到了例证。理性主义设计师勒·柯布西耶（Le Corbusier）在房屋图纸中确定房间摆放家具的"最佳"位置，并使其永久地固定在房屋结构中。这类僵化的设计与"棘手问题"的观点大相径庭，后者认为设计问题不是待解的方程式，它更需要考虑应用的场合和服务对象的独特性。

开放设计非常适合设计师的第二个新产生的作用——处理棘手问题。促使我写下本书的一个很重要的原因就是，生产和商业都拒绝一成不变，对设计的理解和设计的传统观念正在发生巨大的改变。设计师作为生产方式的守卫者的角色在转变。本书第四章将展望设计的明天，进一步探讨这个问题。与此同时，设计领域也将产生新的可能和挑战。明星设计师的光环将渐渐褪去；像建筑师菲利普·约翰逊（Philp Johnson）那样在所有的设计单上签字，一个人说了算的时光将一去不复返。正如飞利浦·斯塔克（Philp Starck）开始喜欢自嘲和娱乐兼具的设计风格，设计师也不得不接受他们已经不再是建立新产品、服务或系统的中心人物的现实。开放设计是设计师的创作权威瓦解的有力证明。

这种非设计中心的观点在创新思想中很常见，也说明了创新研究在新创意流程方面领先于设计的原因，特别是与开放设计相关时。然而，这种现象还存在另外一面，纵观所有的创新著作，鲜少有提及发明的。创新著作对设计与发明避而不谈，使设计和设计师很难在创新著作上有所建树，设计著作便由此产生。

从本质上来讲，这就是为什么把设计和创新放在一起思考，会更加富有成效的原因。对于设计来说，迭代和快速原型设计是家常便饭，因此面对不确定性和风险，设计可以泰然处之；而创新不局限于这种思维方式，可以在开发过程中提供更富战略性的见解。

创新与开放设计

开放设计并非创新著作的常见题材，原因并不在于创新研究中缺乏支撑开放设计的观点，而在于创新研究认为设计并非新的创新过程的中心。大量相关的著作介绍创新过程时往往覆盖不同专业背景的人，而不仅限于"专业创新者"。简而言之，在这些全新的创新过程中，创新并没有停留在设计、设计师和他们的地位上，因此创新思维在很大程度上与开放设计高度相关。

创新研究的特点还在于它专注于解读真实发生的活动，目的一般是为了利用创新活动盈利。这与大多数的开放设计著作的写作目的相左。

在本书接下来的章节中，我们将看到有关开放设计的著作往往较少关注盈利，更关注现实世界的缺乏。例如，2011 年楚格（Droog）设计团队宣布"将要发布"开放设计平台的"可下载设计"。

了解创新

即便创新现已成为被泛滥使用的时髦词语，但自有人类活动伊始就有创新活动。甚至创新也不是新的时事性话题。正如 1976 年德恩（Downs）和莫尔（Mohr）所指出的那样："在过去的十年中，创新几乎是社会科学领域中最时尚的课题。"实际上，创新作为研究课题至少可追溯到 1934 年约瑟夫·熊彼特（Joseph Schumpeter）的著作《经济发展理论》（*Theory of Economic Development*）。

在创新研究方面，英国拥有悠久的学术传统。其中，萨塞克斯大学科学技术政策研究所（SPRU）奠定了创新研究的主要基础。SPRU 成立于 1966 年，是早期英国皇家创新研究的主要参与者之一。由 300 位专家组成的团队将 1945 年至 1983 年英国的每一个有意义的（非渐进性）创新分析归类，形成了包含 4300 项创新的数据库[1]。

开放大学的设计创新组织的表现也同样令人瞩目。该组织成立于 1979 年，是将创新与设计巧妙结合的早期典范，尽管目前该组织的关注点已转向了可持续设计，而非创新。就目前的研究活动而言，曼彻斯特大学的曼彻斯特创新研究院（MIIR）是英国最大的专注于创新研究的学术中心。

若要踏上寻找广为接受的创新定义的征程，《奥斯陆手册》（*Oslo Manual*）是个不错的起点。由 40 个先进的工业化国家组成的经济合作发

---

[1]　鲍威尔和格劳戴尔，2005 年。

展组织（OECD）制定了《奥斯陆手册》，因而遵循奥斯陆原则的创新调查或测度之间可以相互比较。

《奥斯陆手册》将创新定义为："出现新的或重大改进的产品（商品或服务）和工艺，或者新的营销方式，或者在商业实践、工作场所及外部关系中出现新的组织方式。"[1] 最近手册对这一定义做了修订，去掉了"技术"一词，重新认定创新不仅局限于将科学和研发转化为产品这一方面。这表明了设计和创新之间的主要差别。某些事物若要跻身创新行列，需要得到实施；还有些事物对创新的定义要求得更加严格，需要得到成功实施。这与设计形成了鲜明的对比，设计创意通常无需进入实施阶段。

在这一定义的基础上，创新的分类方式多种多样。其中一个分类方法是按行业分类，比如航空、生物技术或汽车。克莱因（Kline）和罗森伯格（Rosenberg）对此提出了不同观点，他们认为成功的不确定程度是衡量创新过程的有效标准。因为创新越"有活力"，越有可能跨越不同行业或学科，所以现实中按学科分类的难度较大。

按照不确定性（风险）的程度来分类，创新范围通常从低创新度（术语表述为"渐进性创新""边缘性创新"或"演化性创新"）到高创新度（术语表述为"突破性创新""破坏性创新"或"架构性创新"）。

创新过程看似是从渐进式到突破式的平缓发展，或者创新程度越高越好——这种看法可能铸成大错，很多研究成果都验证了这一点。创新活动的这片成功的汪洋需要不同类型的创新活动的溪流汇聚在一起[2]。突破性创新过盛往往会导致失败。突破性创新不可避免地无法精益求精，因此最初的成果往往无效甚至不具备功能性。例如，苹果公司早在 1987

---

[1] 多西，1982 年。

[2] 克莱因和罗森伯格，1986 年；加西亚和科兰，2002 年；加蒂尼翁、图什曼、史密斯和安德森，2002 年。

年就制造了第一台掌上电脑，但直到 2010 年 iPad 的问世才宣告这一突破性创新已成功地转化为众所期待的产品。可穿戴电脑显示器，比如眼镜，经历了更加漫长的研发过程，才渐渐成为主流。最初的突破性创新崭露头角多年后，只有通过形式各异的渐进式创新过程，才能迎来新的成熟的服务、产品和工艺。

更进一步来说，马尔科姆·格拉德威尔（Malcolm Gladwell）将第三移动者（third mover）优势纳入创新领域的范畴。他认为特定创新领域的每位"移动者"都有独特的能力，公司应该意识到这一点，而不该总是争当先发者（first mover），即使在勉为其难的情况下也是如此。先发者进行基础性思考，后动者（second mover）解决关键性技术难题，第三移动者则评估前两者的活动，提供实际有效的解决方案。

格拉德威尔引用集成导弹系统的发展作为论据之一。这一系统可以使地面雷达指引战斗机发射导弹。最初，苏联是这一理论研究的先发者，在政府统筹下，不仅理论研究所需的时间与空间得到了保证，而且也没有经费上的后顾之忧。该领域的后动者是美国，美国人拥有先进的设计和创业能力，从而将其从理论变为现实。第三移动者则是以色列，与美国不同，以色列人有非常充足的理由开发这一创新功能，他们的确也大大优化了集成导弹系统。事实上，现在以色列正仰仗这一系统而生存。

那么它与开放设计的关系是什么？对于新的开放设计平台的建立和在这一平台上新的产品和服务设计来说，创新水平对它们的影响举足轻重。就先发优势、后动优势或第三移动者优势而言，不同群体各有所长。例如，已为人父母的年轻人可能非常擅长对折叠婴儿推车进行优化创新（第三移动者优势），因为他们既有需求又有实际的经验。机器人俱乐部的成员可能更擅长将理论上的创新转变为与设计更为接近的实物，因为他们的动手能力强，而且习惯于将理论变为实践，更适合担当后动者的角色。

开放创新

现实中使用的术语"创新"和"开放设计"有着密不可分的关系。然而，开放创新是当代创新研究中特别值得关注的一个领域。开放设计最早和开源联系在一起；但是随着开放创新的普及，开放设计也被广泛使用，它可能被看作开放创新的创造性或发明性的一面。开放创新对创新研究、商业和社会的影响毋庸置疑。伊尔科（Eelko）最近回顾了与开放创新相关的期刊文章，认为约有 150 篇这类文章[①]。

对开放创新领域的研究起源为亨利·切斯布罗格（Henry Chesbrough）的著作《开放创新：技术创造和营利的新须知》（*Open Innovation：The New Inperative for Creating and Profiting from Technology*）[②]。这部著作流传甚广，它的目标读者是经理人和商界人士。一部更具学术性的文集《开放创新：研究一个新的范式》（*Open Innovation：Research a New Paradigm*）紧随其后出版[③]。

稍后我们再讨论开放创新属于新范式这一观点，但从本质上来说开放创新非常简单直接。正如切斯布罗格所言："开放创新是通过有目的的知识流入与流出，加快创新，扩大市场从而实现创新的外部使用。"[④]

知识交换是开放创新的基本构成部分；这里所指的知识概念宽泛，将创意、设计理念、关键评论、制造专业知识等统统涵盖其中。知识交换门槛降低（一般通过数字媒体）可以促进开放设计活动的发展。

切斯布罗格的开放创新理论基础与封闭创新模式针锋相对，他认为

---

① 忽辛格，2010 年。
② 切斯布罗格，2003 年。
③ 切斯布罗格、范哈弗别克和韦斯特，2008 年。
④ 同上。

后者的主导思维模式以下面的几个假设为特征。

- 为我们工作的人都是该领域的佼佼者。
- 为了通过研发实现赢利，产品立意、开发、运输等环节我们必须事必躬亲。
- 如果我们有新的发现，我们就必须首先将它推向市场。
- 如果我们是第一个商业化某项创新的人，我们就成功了。
- 如果我们在行业中拥有最多最好的创意，我们就成功了。
- 我们应该掌控自己的知识产权，这样我们的竞争对手就不能通过我们的创意赢利。

切斯布罗格极富说服力地提出这些假设的错谬。如果公司不盲从这些假设，将拥有显著的优势。他认为新产品的开发依赖于整个生态系统，而非单打独斗的发明；知识和创意本身具有流动性。他还认为了解并促进知识的流动更利于公司开展可赢利运作。

很多公司都明确采用了开放创新；这方面的例子包括像宝洁（P&G）这样的大公司。它旗下拥有多个日用品品牌，如潘婷。宝洁年净销售额超过 400 亿美元，有近 10 万名员工。20 世纪 90 年代，宝洁陷入增长和创新急剧下滑的窘境。面对这种状况，当时的首席技术官兼全球研发总监戈登·布伦纳（Gordon Brunner）有意改变公司的创新文化；他将研发（研究与开发 R&D）改造为联发（联系与发展 C&D）。宝洁在它的"Connect + Develop 网站"（www.pgconnectdevelop.com）开诚布公地征集开放设计。通过该门户型网站，人们可以向竞争对手宣战，找到合作伙伴，向宝洁提交创新建议。同时也可以看到文化的更迭在整个公司蔓延[①]。类似的范例还有网络媒体公司奈飞（Netflix），公司使用开放创新原

---

① 道奇森·江恩和索尔特，2006 年。

则，应对商业挑战；乐高建立了创新者"云"，借力设计乐高 Mindstorm 系列的新传感器和模型。

认识误区

包括切斯布罗格在内的一些人都认为开放创新是彻底的背离（radical departure）[1]；我们对此的理解不能浮于表面，需探究其深层含义，关键在于区别看待开放创新与开源。开源拒绝版权或知识产权的限制性论调，或寻求法律保护以确保权力可被自由使用。开放创新几乎与其截然相反，"知识产权保护制度使内向开放创新成为现实，因为它阻止了公司合作者的机会主义行为。"[2]换言之，开源是自由使用，而开放创新是通过管理信息使赢利最大化。

韩·范·德梅尔（Han van der Meer）明确了开放创新的一系列执行实施机制[3]。他列出的名单包括：授权、集群项目、专利中介和转让、参加会议、专利检索与产学合作。你能想到的深谋远虑或有战略眼光的公司会做的事情都在此范围内。综上所述，开放创新是一种商业模式：因为公司外部的可用资源与内部资源相当，充分利用可用资源，可使赢利最大化。传统的商业定位有悖于大多数人对开放设计的印象——更加自由、与开源类似。奠定开放创新基础的商业见解偏于保守。经典的案例研究——1970 年施乐公司建立的帕克实验室很好地验证了这一点。帕克实验室是开放设计的反面教材，说明了未采用开发创新方法的后果。

它给开放设计的发展上了重要的一课。因为施乐帕克研究中心的超常规发展，开放创新抨击封闭式创新没有真正展现当时以及自此以后创

---

① 切尔罗尼和基耶萨，2010 年。

② 切斯布罗格，2003 年。

③ 范·德梅尔，2007 年。

新的优势和更广阔的画面。对开放设计的短视也存在类似的危险，举例来说，对 3D 打印的宣传仅仅局限于它是开放设计的一个微小的组成部分、一种现象，这很危险。单从这个角度宣传 3D 打印，缺乏更广泛的历史和理论的角度将导致的结果是：当技术朝新的方向发展时，会招致舆论的批评。本书力求启迪读者，站在更高层面上理解开放设计。

施乐帕克研究中心：反面案例研究

施乐帕克研究中心一直被当作反面教材，告诫人们如果不走开放创新这条路，会落入多么悲惨的下场。施乐帕克的故事是萦绕在首席执行官和经理人心头的噩梦。现在我们要打破这个梦魇。跳出公司和商业对开放创新根深蒂固、狭隘的常规看法，变换一个更广阔的视角，就会发现施乐帕克是完美的开放创新案例。开放设计正是在这个更大的背景下兴起，在更广泛的意义上更好地理解开放创新的价值，有助于开放设计的发展。

20 世纪 70 年代，施乐公司的产品占全球复印机市场 80% 的市场份额。为了捍卫其市场地位，施乐公司聘请雅各布·戈德曼（Jacob Goldman）成立帕克中心（帕克奥托研究中心）。该中心位于圣弗朗西斯科州南部的山上，俯瞰硅谷，负责探索"信息建筑"的长期研究。帕克的研究经费充足，能吸引到最优秀的计算机科学家和工程师；研究团队还包括社会科学家和人种学者，其人才资源处于世界领先地位。帕克项目由好奇心驱动，因此管理非常松散。

一系列改变世界的发明都在帕克中心诞生，从软件到硬件，再到新型人机互动。帕克开发了以太网协议，它规定了计算机的网络交流方式，并沿用至今。在硬件方面，帕克发明了电脑鼠标和激光打印机，还有第一个图形用户界面，用视觉操作取代手动输入命令，操作控制电脑。所有这些发明都成为我们今天用的电脑不可或缺的功能。

实际上，这些创新在当时没有几个真正成熟的，也没有给施乐带来任何实际的经济收入。大多数创新成果从施乐流失，流入了新成立的公司，Adobe 就是这些公司中的一个。它在成立之初开发控制激光打印机的 PostScript 语言，目前在图形和桌面出版领域独占鳌头。切斯布罗格分析指出基于施乐研发成果成立的 4 家创新公司自立门户的 7 年内总价值超过了 1 亿美元；所有这类型公司的总值是施乐本身价值的两倍[①]。这一事实与当时对施乐的评论不谋而合。1989 年，罗伯特·亚历山大（Robert Alexander）及道格拉斯·史密斯（Douglas Smith）写书批评施乐，《探索未来：施乐如何发明却又忽略了第一台个人电脑》（*Fumbling the Future*：*How Xerox Invented*，*Then Ignored*，*the First Personal Computer*）。

表面看来这是帮助公司理解信息流和从事开放创新的生动案例，但在根本上它是基于传统的商业计划：为某家公司最大化利用资源，而非像外界声称的那样，公司"有钱没处花"。

看待这个问题，特别值得注意的是开放创新界对施乐的批评主要是认为它浪费了潜在的赢利资源。当时施乐帕克研究中心开发了激光打印机，每年（并持续每年）为施乐盈利 20 亿美元。施乐当时的高级副总裁洛伯·艾伦（Rob Allen）说道："激光打印机单独一项业务就可以为所有其他帕克研究项目多次买单。就算有些创新成果半途而废，那又怎么样呢？"[②]这样看，施乐的管理层已经很接近开放创新的思维，即使他们常被当作传统而封闭的创新系统的失败案例。

对利益最大化的先入为主，导致人们在看待施乐开放创新的案例时

---

① 切斯布罗格，2002 年。
② 同上。

采用线性而非战术性的角度。从广义上看，所有人都能够使用电脑互相对话，电脑的工作方式由命令行变为图形，电脑可以生成我们想打印的东西，这些创新对施乐来说都是好事，因为它们都有利于激光打印的发展。过去 20 年中，激光打印已成为施乐的主要业务，直接或间接地为施乐的持续性赢利做出贡献。在施乐的案例中，很多创新都不在施乐的直接控制范围内——这是开放创新成功实践的精华所在。

施乐推动创新生态的形成，并帮助它在互联网、图形设计和图形界面等领域长盛不衰；反过来这也有助于施乐的欣欣向荣。在某些方面，设计师面临同样的机会。接下来我们将在本书中看到开放设计的生态系统正在形成，需要培育，专业设计师可以当仁不让地担当这个角色。因此，新型专业设计师的机会无限。如果设计师反其道而行之，试图将设计牢牢攥在手里，比如，严苛要求什么样的人才可以自称为设计师，就会使人错失大好机会。设计将重蹈排字机的覆辙，最终退出历史舞台。

开放创新的范式

包括切斯布罗格在内的一些学者[①]均认为开放创新代表一种新的参照框架。作为新范式，开放创新的价值和存在理由取决于切斯布罗格对传统的封闭创新描述的准确性。这种解释并没有得到广泛认可。以严谨著称的《国际创新管理期刊》（*International Journal of Innovation Management*）刊登了特洛特和哈特曼（2009 年）的文章批评了某些让人大跌眼镜的观点：

许多研发管理和创新管理学者都认为开放创新的范式不过是对过去四十年创新管理文献所陈述的概念及发现进行的

---

① 切斯布罗格、范哈弗别克和韦斯特，2008 年；切尔罗尼和基耶萨，2010 年。

重新整理，只是换个说法而已。

特洛特和哈特曼继续驳斥这种论调：开放创新的思维和实践都只是在临摹传统的封闭创新。通过引用 20 世纪 20 年代关于某一区域范围内公司聚集优势的文献，他们抨击了用开放设计描述封闭设计的方式。他们还引用了论述网络和守卫对创新过程和创新传播方式有所作用的文献。他们提到有意识控制知识流的例子，1950 年皮尔金顿公司发明了制作玻璃的工艺——通过让玻璃浮在融化的锡面，形成连续的、平滑的带状玻璃。皮尔金顿公司随后立即将这项发明授权给竞争对手，现在几乎所有的商用玻璃都采用这个工艺制成。这完全符合开放创新的操作模式。

有人反驳开放创新是创新的常态，封闭创新的例子屈指可数，而且往往都好景不长。如今很难想到除了国防和核技术以外还有什么行业没有采用开放创新的方式。

这将日益流行的开放创新观念带向何处？有人认为，开放创新的普及可归根为以下原因：

开放创新很简单。特洛特和哈特曼使用的文本多种多样，错综复杂，有时很难把握。很多学者以及大多数实践创新专家认为很难把握更大的创新范围，而开放创新缩小和简化了这个范围。

开放创新很及时。恰逢外包流行和创新传播越来越广之时开放创新横空出世，开放创新生逢其时。

开放创新可以扩展。它提供高水准的扩展框架，更加明确应用领域，比如，高科技、医疗或组织领域。

开放创新的成功还有一个更加切实的原因。在封闭创新的掩盖下，切斯布罗格亲手扎了一个不现实的"稻草人"，将开放创新表述为超越传统的激进前卫的创新方式。这对大多数商业人士都具有吸引力，因为他们已经认为开放创新等同于"革命性"运动，开放创新映射到他们的一些日常活动。管理人员和创新者可以将自己塑造成思想的先锋，由此提高自身的名誉。

在现实中，认识开放创新的最好办法也许是放下复杂泛泛的一套想法，使用合宜、精简，甚至过于简单化的描述——开放创新就是创新。就其本身而言，拥有创新的易实现版并不是一件坏事 —— 正如我们前面提到的，创新和设计之间的关系错综复杂，总有交集并经常被误读。

开放设计与开放创新

开放创新与开放设计被置于同一框架内或可以互换使用时，会产生更多的问题。在下面一章，我们将看到在民主化的设计中，"草根"创新与基于利益最大化的开放创新模式存在冲突。开放设计领域孕育了其他的"经济形式"，例如，名誉或社会资本可能与传统财务标准冲突。开放设计应该庆祝帕克的肥水流入外人田，最大化未来新兴生态系统的优势，而非将开放创新当作货币化模式。

下一章将讨论开放创新使用传统商业方法以外的设计和创新模型。它包括基于分享（无偿公开）的各类模式、众人参与设计、共同创新等一系列开发新创造力的开放方法的途径。不同于开放创新，它们不必建立在传统商业模式和市场经济基础上，但我们同样将发现其中蕴藏着惊人的开放设计机会。

第三章

联创：专业设计以外的设计

本章将介绍没有接受过设计训练的人怎样拥有杰出的创新能力和创造力。借鉴创新理念，本章将探讨它对开放创新至关重要的原因，以及从未受过设计培训的人如何成为高效的设计师。本章的结尾将对民主化创新会取代设计的普遍价值观提出质疑，呼吁专业设计师积极参与开放设计。

引言

本章将关注每个人内在创造的潜力（和局限性）及其与开放设计的关联。纵观历史，即使没有设计或创新专业人员的参与，非专业设计也同样成就了很多新的产品和服务。数字网络平台使非专业设计如虎添翼，举例来说，一个人在自己的卧室里工作就可以影响世界范围内的受众，而这在10年前则需要通过国际营销活动才能得到同样的效果。这些数字网络平台增加了两个方面的可能性。一方面，现在人人都能轻松地在全球范围内设计与销售产品，如 T 恤、照片或插画。顾客可以根据自己的需要定制或创造全新的产品，如鞋、衣服或其他个人用品。另一方面，分散在世界各地的人们无需见面，就能够轻而易举地合作实施项目。下一章我们将介绍个人创造力的集合（第一种情况）以及众人一起创作（第二种情况）对设计行业产生的深远影响，并赋予开放设计活力。

支持在线设计和定制化的生态系统尚显稚嫩。许多投身于在线设计和定制化的先锋公司通常在发表了不切实际、不知所云的声明后，就销声匿迹。例如，MES 定制鞋的商业模式是：你可以在鞋上放照片（或其他图片），同时你也可以在网站上开店，向别人销售你的设计。因为无法吸引足够的客户群体实现赢利，MES 于 2012 年年底倒闭。作为众多商业模式中的一例，MES 说明了成功的商业模式需要庞大的客户群，形成自我维系的社群并实现收支平衡。

在起步阶段，很多公司都会通过"烧钱"向客户过度承诺，以此吸引客户群，使公司得以维系运营。

尽管所谓的在线产品设计存在波动性与风险，但它已在主流设计行列中站稳了脚跟，有自己的可持续商业模式以及稳定的客户。比如，使用在线服务制作独一无二的贺卡，或者设计自己的日历或相册，这并不稀奇，英国的月亮猪（Moonpig）通过提供贺卡定制化服务，自 2005 年开始赢利，2010 年的年营业额超过 3 000 万英镑[①]。

联创

贺卡定制化较为简单，市场也较为成熟。除此之外，还有一些全新的商业模式，在数十位、数千位甚至数十万位参与者的贡献之下，成为现实。最广为人知、最成功的集体协作与创作的案例之一就是维基百科（Wikipedia）。它的前身是 Nupedia，一种在线版的传统百科全书。Nupedia 的构想是通过专家在线发布词条，形成在线资源。事实证明，该网站不可能以此积累到足够庞大的词条库，因此对用户的吸引力不足。2001 年 1 月，Nupedia 创始人吉米·威尔士（Jimmy Wales）和拉里·桑格（Larry Sagner）推出了维基百科——使用开源的方式编纂的网络百科全书。

维基的理念（据我所知）是任何人都可以编辑或创作网站的任何部分，形成集体生成、修改的信息来源。有很多维基式网站，涉及范围从学术出版物到色情作品。迄今为止，最受人们欢迎的是维基百科，这里收录了 2 500 多万词条，有 280 种语言版本。

维基百科的准确性富有争议；但有人曾正式将其与百科全书进行过对比，发现维基百科的错误率更低[②]。随着收录词条的数量与普及率的增长，维基百科成为恶意发帖、恶作剧、发布错误信息的平台。然而，不变的事实是：作为免费的信息资源，维基百科汇集了众人的知识及对事物的理解，它几乎已经改变了我们学习所有学科基础知识的方式。如果说维基百科对工业化国家是锦上添花，那么对书籍昂贵稀缺的地区来说，实为雪中送炭。孩子们围在村里的一台电脑前，通过刻录维基基本词汇

---

① 汉森，2010 年。
② 里德比特，2008 年。

的 CD，就可以学习。如果没有成千上万名乐于分享知识的人参与其中，这就是完全不可能的事情。

这类交流不限于信息，正如我们在上一章所看到的，宝洁公司采取开放战略，来加强自身的创新能力。

在其他公司，主要由专业创新者（设计师、化学家、工程师等）推动创新平台的发展，但其他人参与其中也不无可能。

非研发人员／创新者／设计师的平台概念在产品开放系统 Gadgeteer 中得到了淋漓尽致的体现。本书第二部分的案例研究将详细介绍这一系统。Gadgeteer 完美诠释了从封闭模式转变到开放模式的创新活动是怎样改变了产品的命运和用户类型的。过去若干年，微软曾销售一款名为 .Net 的软件产品和编程平台，被应用于处理能力非常有限的电子设备，如条形码扫描器。

这款软件的传统商业模式是，公司每拥有一台装有 .Net 的设备，就需要向微软支付一笔微薄的费用。这样做阻止了这项技术的推广，因为微软的利润空间和价格都在这一领域极具竞争力。微软决定让代码变为开源，就是可以免费使用。稍后我们将在本书中看到，这个举动并未奏响 .Net 终结的序曲，而是引发了使用 .Net 的狂潮。多样化的用户社群——从程序员到设计师和爱好者，都参与了这款产品的开发过程。

人们对怎样利用联创的力量提升效益产生了浓厚的兴趣。探讨此类问题的文献、杂志文章、互联网资源和期刊、书籍、学术出版物迅速涌现。由此人们对机会的寻求可见一斑。笼统来说，这类书籍的代表作包括：詹姆斯·索诺维尔基（James Surowiecki）所著的《群体的智慧》（*The Wisdom of Crowds*）；杰夫·豪（Jeff Howe）所著的《众包：大众力量缘何推动商业未来》（*Crowd Sourcing：Why the Power of the Crowd is Driving the Future of Business*）；埃里克·冯·希贝尔（Erik von Hippel）所著的《维基经济学：民主化创新》（*Wikinomics*：*Democratizing Innovation*）；唐·塔普斯科特（Don Tapscot）所著的《大规模协作如何改变一切》（*How Mass Collaboration Changes Everything*）；克莱·舍基（Lay Shirky）所著的《人人时代：无组织的组织力量》（*Here Comes Everybody*：*The Power of Organizing Without Organizations*）；查尔斯里德·比特（Charles Leadbeater）所著的《我思：大众创新，而非大规模生产：联创的力量》（*We-Think*：*Mass Innovation*，*Not Mass Production*）。

对没有受过正式设计或创新培训的人所从事的创新活动，这些书籍采用了各自不同的术语和定义，包括超级工艺（hyper-craft）、品牌热迷（brand fanatics）、领先用户（lead-users）或专业余者（pro-am）。之所以有这些形形色色的称呼，是因为作者们所持的观点各异；每个词语都有其独特的含义，它们之间存在细微的差别。例如，查尔斯·里德比特提出的专业余者是指具有专业水准的业余爱好者[1]。

里德比特（2008）引用业余天文学，群众民主化期刊等领域的例子来论证自己的观点。通过社交网络和数字网络平台，我们正进入一个后工业化的新时代。

埃里克·冯·希贝尔[2]论及领先用户，认为他们有能力引领某个行业的根本性变革，纵然他们只是未接受过专业培训的设计师或创新者。稍后本章将进一步探讨领先用户。我们不难发现这些术语之间意思重合，互为补充。它们都表明普罗大众蕴藏着尚未开发、不被承认的、丰富的创新资源。

本土设计和 DIY

最晚从 19 世纪 50 年代起，本土化这一术语被用来描述非专业的业

---

[1] 里德比特和米勒，2004 年。
[2] 托姆克和冯·希贝尔，2002 年。

余爱好者所从事的与专业相关的活动，特别是在建筑行业①。这类本土化活动当然早于专业的发展。有人视之为控制与分类机制，而非建立质量和一致性机制②。新的生产交流技术增加了本土设计的数量。了解本土设计是理解专业设计的重要一环。设计与本土创造力之间的相互作用是开放设计的特征，并且决定了开放设计未来的发展方式。

最高产的本土设计活动领域是交流领域——人类的基本活动之一。一些激进组织认为'zine（地下或非官方杂志）几乎是唯一有迹可循的本土设计，如《各种足球惨剧以及一些解药》（*The Misery of Football*）。它是由踢球者和帽子戏法制片公司在 1995 年影印的小册子，内容充斥着丑闻和政治评论，从吐槽坎通纳的换妻活动，到分析女王公园巡游者足球俱乐部（QPR）的战术，再到讥讽政治家，感叹讽刺漫画的画家们不敢攻击保守党。低成本制作的另一实例是 Squall，Claremont Rd and Aufheben——这是德语词汇，暗含褒（超越）贬（废除）两层含义③。这些政治或娱乐制品是博客的前身，表明没有设计师的设计由来已久。

随着数字网络技术在交流制作和传播方面的普及，'zine 制作从小众亚文化活动变身为博客。每一个能上网的人都可以写博客，每天都可以轻松地与成千上万人交流，而每制作与销售一期的纸质杂志则只能和数百人交流。评级机构尼尔森（Neilson）称全世界的博客数量超过 1.8 亿。

长期以来，一些组织思考着开放交流制作方式的社会和创意含义——例如，设计组织 Archizoom 推广"永不停歇的城市"，1968 年使用 info-Gonk 耳机为校址分散在各地的大学打造彼得·库克系统（Peter Cook's system）④，还有鲁尔·瓦纳格姆（Raoul Vaneigem）在《日常生活

---

① 吉尔伯特·斯科特，1857 年。

② 阿特金森，2006 年。

③ 麦凯，1998 年。

④ 萨德勒，1998 年。

的革命》（*The Revolution of Everyday Life*，1994 年）一书中写道："如果控制论脱离它的主人，人类可能会从劳苦和人际疏远中解放出来。"

电子传播也正在取代一些传统的纸质交流方式。目前，常见的信息传播方式采用了 PDF 文件格式。PDF 文件小巧紧凑，方便查看，接收人无法轻易更改，它最终推动了桌面打印变为现实。它不仅面向职业组织和政治活动家，还面向包括公司在内的普通用户。事实证明，图形交流的守卫者（设计师、排版人员、印刷工）已经失去了掌控地位，因为任何一位电脑用户都可以生成文档并使其广泛传播，而在过去这需要特别专业的基础设施。

数字技术开放使用权催生了活跃创作者和设计师之间的新型关系。专业设计行业迎来新的机会，博客的发展就是很好的印证。超过 6 500 万用户使用着免费博客服务 Wordpress；与此同时，许多设计师销售模板，帮助人们给博客改头换面。设计师创作多种博客模板供用户挑选，而博客作者只需花很少的时间和金钱就可以随意选择、替换或修改。

一个有趣的实例是化名为萨拉曼·贝齿（Salaman Plax）的人所开设的博客。他在美国及其盟国占领伊拉克之前、期间以及之后，每天，有时候每小时都会更新有关巴格达状况的文章。在美国占领巴格达之前、期间以及之后，他为人们了解巴格达提供了一个人性化、个人化、有趣、微观的视角，而这些在 3 分钟的电视新闻或延伸新闻报道里是看不到的。

这场革命并不仅仅是在交流设计领域轰轰烈烈。朋克音乐通常被视为摒弃传统专业基础设施与"专业"音乐的起点，而 DIY 音乐的出现并不建立在同样的价值观基础之上。安德鲁·马库斯（Andrew Marcus）指出，在战后经济萧条的年代，非专业表演者即兴使用乐器演奏音乐。1956 年伦敦约有 1 000 个噪音爵士乐团体[1]。根据查尔斯·里德比特的记

---

① 麦凯，1998 年。

第三章
联创：专业设计以外的设计

述，饶舌音乐最早出现于美国中西部地区，是反对音乐工作室体系而产生的新创作方式。它是青少年直接表达心声的方式，因为他们认为主流媒体无法传达他们的声音。

我们不难发现，"草根"或本土化创新的一个共同特点是在机械和物理基础设施要求较低的领域，创新更为兴盛。这也在意料之中：做一个网站比造一艘船要容易得多，并且逐步优化一个网站直到它正常运转也更为容易，而使用实物材料不仅成本高，有时甚至还有危险。

这种现象至今仍未改变，但由于实用廉价的制造技术与数字网络技术不断涌现，如 3D 打印的出现和社交媒体的普及，现在无需专业设计师的帮助，越来越多的物品都能在普通人的操作下实现生产。我们将在下一章介绍设计行业是怎样应对这个挑战的。

在研究专业设计和探寻它的未来发展方向之前，有一个完全不同的人群曾经多年研究本土化或非专业设计。我们在上一章谈到开放创新是一种商业模式，它认可超出特定机构范围的所进行的一切传播和协作。下一节将介绍关于非专业设计的创新研究中的其他概念。这里将提出新的商业和创造模式，寻求联创活动的运用，如众包。我们还将继续质疑这些观点中矫枉过正的一面，为肯定专业设计所做出的贡献价值提供佐证。

创新与领先用户

本节将介绍与设计和开放设计重叠的一种思维方式与活动领域，但有趣的是，它很少直接提及设计和开放设计。这种平行的思维方式有可能深刻地影响人们对开放设计的看法。创新研究倾向于从官方、商业科学的角度看待联创。这对开放设计意义重大，因为很多开放设计根本没有设计师的参与，反倒是由企业家推动，因为他们发现新的生产方式和新的消费模式中蕴藏着商机。这些先驱者在寻找新的高深莫测的商业模式——在传统设计规范中无迹可寻。了解这些新的商业模式以及专业设计对商业模式的回应方式，是认识专业设计对开放设计的贡献的基础。

在创新研究中，设计师和设计处于非常边缘的位置。一些开放设计题材的重要著作不再纠结于设计师的作用、"特殊"气质，以及创造性的稀缺等问题。其中首屈一指的著作是埃里克·冯·希贝尔的开创性巨著《民主化创新》；它的影响力像涟漪一样，从创新研究扩散到设计、创造力研究、开源、开放创新和联创。

冯·希贝尔的中心论点是专业创新者（他根本没有使用"设计师"一词）很难获得"黏性"信息（sticky information），它源自在特定环境下的嵌入式的个人经历。更准确地说，他认为获取"黏性"信息要付出高昂的代价。例如，真正了解一组工人每天面对的挑战，需要几周时间采访很多人，记录采访内容。冯·希贝尔还认为，已经获得"黏性"信息的人在创新中更占据优势。

冯·希贝尔举例说明，这种优势在特定的客户群体中表现得尤为明显，他们比研发部门或新产品开发团队更具创新能力。他将这一群体称为"领先用户"。他们有非常显著的特征。第一，领先用户的需求比一般用户更加强烈，并且至关重要的是，更加超前。第二，领先用户有强烈的动机改善用户体验；因为他们是改变的直接受益者[1]。自行车行业有一个有趣的案例。20世纪80年代，在加利福尼亚州有一帮朋友常常将自行车带进山里，在羊肠小道和崎岖不平的道路上骑车。当时他们和多年后的越野自行车手们面临着一样的挑战。他们有强烈的动机进行创新，

① 冯·希贝尔，2006年。

发明更先进、更好用的 "clunker"（他们对自行车的别称）。结果从这一小群狂热自行车爱好者衍生出 Specialised、Trek、Marin 和 Gary Fisher 等自行车品牌，推动了价值数十亿的山地自行车这一新兴行业的发展。

有两大因素推动这种"草根"创新的发展：一是在普通用户受到波及之前发现；二是怎样看待创新的益处。草根创新往往完全与相关公司无关，它是建立在经过实践检验、证据凿凿的研究基础上的。这项研究用事实证明领先用户的创新领域五花八门，包括 CAD 工具制作、图书馆系统、软件设计、医疗设备设计以及冲浪等。

有关软件开发的例子的有趣之处在于协作交换数字文档，通过电脑控制的剪裁和缝纫机功能将文件内容轻松变为实物原型，这完全符合我们对开放设计的定义。

众包

众包是外部人员的智慧构成公司创新资源的例证。2006 年杰夫·豪在《连线》杂志发明了"众包"一词，它已发展为一种商业模式，定义为：

一种在线分布式的问题解决和生产模式。

通过众包，公司利用在线社区的集体智慧，达到某个明确的目的。[①]

豪在他的著作《众包：群体力量驱动商业未来》中进一步论述道，众包还能促成公司的规模化生产。众包方式的基本观点是背景各异的团队的参与相较于小群专家（如设计师）的干预更能有效地解决某些问题。

---

① 巴拉罕姆，2012 年。

这方面的案例不胜枚举，众包领域的著作对此也是津津乐道。

    Threadless（www.threadless.com）是一个汇集 T 恤设计的门户网站；通过社区投票产生最受欢迎的 T 恤，进行批量生产，并在网店限时销售。

    iStock 是一家网站。人们可以在网站上提交照片、插画和动画，供别人购买或免费使用。

    InnoCentre 是一个任务式门户网站，向解决技术／科学问题的"车库科学家"提供现金奖励。

这些平台活动的特点是相较于每位参与者付出的时间和精力，他们获得的回报率不高。目的是为了吸引背景广泛、数目庞大的人群在在线社区的帮助下或多或少地参与设计。虽然众包在传统专业生产和公司运营之外提供了一个全新的选择[1]，并得到了强烈推崇，但它也存在潜在的问题。

暂且不论样本大小对结果会造成怎样的影响，分析上述几个案例的参与者，众包的特有风格昭然若揭[2]。大多数 Threadless 的参与者以及几乎所有成功的设计都来自专业设计师或设计专业的学生。这让 Threadless 开放设计平台的形象大打折扣；反倒更像是设计专业的展示平台。其他众包平台也都存在这个问题：事实上非专业人士参与度几乎为零。

这些门户网站没有成为背景迥异的人才的汇集地，却成了背景和教育水平比较相似的专业人士的国际舞台。

虽然有证据表明人们愿意不计回报，甚至不求回报地贡献高水平的智慧，但没有任何证据表明存在更加平均化、本土化的方法。丹·伍德（Dan Wood）在《福布斯》杂志上对这个问题做了进一步的阐述，说道：

---

[1] 塞图罗，2008 年；豪，2006 年。

[2] 塞图罗，2008 年。

众包（crowdsourcing）中没有大众（crowd），只有行家，他们通常都是在本领域才华横溢、训练有素、有多年工作经验的人。

这里我们看到，这些为联创开发的平台被设计师占领了。他们从这些平台提供的可能性中汲取价值，却不靠平台谋生。这暗示了未来的专业设计师可能参与开放设计的一种方式。专业设计师可以贡献自己的专业知识和经验，充当超级用户的角色，但是与其他参与者的参与方式毫无差别。

苹果：挑战民主化创新

论及民主化创新，设计师与非设计人员之间的关系也很有趣。苹果是一个很生动的案例，可以帮助我们认真思考这个问题。它曾因为保持老套的封闭创新模式而被批评。不过很多著名的评论人，包括马尔科姆·格拉德威尔（Malcolm Gladwell）、吉姆·威尔士（Jimmy Wales）、斯科特·布兰克斯（Scott Bleksey），都认为开放设计是 21 世纪的创新之路，也都将苹果推举为 21 世纪最富有创新力的公司之一。

对于从未接受过设计培训的专家来说，他们的创作力旺盛，这样的例子层出不穷。但是，这作为创新系统的普遍现象，面临着一个很大的挑战。认真思考民主化创新以及查尔斯·里德比特在《我思，大众创新，而非大规模生产：联创的力量》一书中的观点，我们就发现大多数"草根"创新本质上是渐进式的。虽然本书中确实提到过一些突破性发明的特例（例如，一群外科医生发明了心肺机，一群业余爱好者发明了冲浪设备），但是最常见的创新例子是在已有实践和产品的基础上的适度改进。可能因为突破性或破坏性创新的难度太大；大多数设计师也不会给出这类建议，但是对开放设计而言，其背后的深意耐人寻味。

"草根"创新缺少突破性发明的主要原因之一在于创造发明对试错的要求。为了更好地理解这一点，我们需要思考领先用户相较于设计师的优势源自何处。情景经验（黏性知识）使特定环境下的非专业创新者具有得天独厚的优势，如工作地点。领先用户的关注范围较窄，因此他们能够解决的创新难题也有限。别忘了领先用户必须经历与一般用户相同的问题，但是时间上要远远早于一般用户。

　　领先用户利用黏性知识优势的机会较少。这一点至关重要。包括创造力神经学家[①]、设计研究家[②]、教育研究家[③]在内的多位研究者的研究表明，做到灵感泉涌的唯一途径是长期的实践和试错。这意味着面对各种各样的挑战，要花很多的时间，犯很多的错误。这些是传统设计教育的指导原则。工作室教学和反复的同行评审鼓励设计师进行原型设计，自由发掘多种思路。即使某个思路行不通，设计师也只需付出极低的代价。失败是设计过程的必经之路。

　　有意识地犯很多错误（并且从错误中学习），对于没有受过专业训练的人来说，在操作和认知上都很难。虽然个体（比如在医院病房工作的护士）有优势，因为他们可以运用意识和生活经验，但是在面对创新，尤其是非渐进式创新时，个体将面临很大的挑战，因为他们不太可能有时间和机会练习创新，不能重复失败且不用承担失败的后果。

　　这就是专业创新者和设计师的优势所在：在各种各样的挑战和环境中，他们都有很多创新的学习机会，即使他们可能在某些环境中处于劣势，他们也有得天独厚的优势，他们的创新能力更加易于培养。这一条同样适用于破坏性创新的标志——概念飞跃；通过大量的概念飞跃练习，

---

① 维诺德·戈埃尔，1995年。
② 劳森，1999年；多斯特，2006年。
③ 舍恩，1987年。

可以提高智力的敏捷度。在这方面，接受过创新训练的人优于拥有其他专业技术的人（这是普及设计培训的论据之一）。

在产品开发过程中，顾客很难经历概念飞跃，这得到了创新研究从另一个方向的证实。20 世纪 90 年代，克莱顿·克里斯坦森（Clayton Christensen）进行了一个研究项目，对破坏性或"改变游戏规则的"创新提出了诸多的真知灼见。他为开放设计提供了开发突破性新想法的途径。有关非渐进式创新的争论也增加了一个维度。克里斯坦森进行了一项妙趣横生的研究；他对 1950—1992 年所有商业生产的电脑硬盘驱动器的技术特征进行了比较（容量、速度、尺寸以及其他参数），并且将这些数据与这些硬件公司的命运进行了对比。

这项研究结果发表于《创新者的窘境：大公司面对突破性技术时引发的失败》（The Innovator's Dilemma: When New Technologies Cause Great Firms to Fail）一书。它质疑了一个假设：公司倒闭是因为它们没有及时更新技术或没有顾及客户的需求。克里斯坦森提供的证据显示，这里有四家采用破坏式创新的公司事实上非常认真地听取了客户的意见，研发投入也慷慨，并且精通设备所用的技术，但是最终产品却无人问津，公司不得不宣告破产。除了克里斯坦森的研究，还有一个例子，第一台数码相机是现已倒闭的柯达发明的。对柯达来说，当时差强人意的照片质量和存储方式（最早使用视频磁带存储数据）以及不具备便携性，导致了他们没有把业务重心放在数码摄影上。

我们一再看到公司离开创新的康庄大道，是因为以客户、公司及目标行业的标准衡量，新的业务都表现不佳。这些公司惨淡收场的原因是战略或社会发生了重大的变革，导致判断产品好坏的标准有了新的参数。克里斯坦森举了一个例子，适用于台式计算机的 12 英寸硬盘驱动器的生产商忽略了 7 英寸的硬盘驱动器，因为后者的数据容量太小。然而，对于桌面尺寸的微型计算机制造商来说，硬盘的身量大小才是关键问题，而非容量。这并非个案。克里斯坦森的研究表明标准变化席卷了所有行业。近期的一个案例是，RIM 和旗下的黑莓手机仍关注商业用户和有效的电子邮件发送，虽然手机顾客已不再为这些而买单；结果，面对苹果、三星、HTC 和其他品牌更加集成化、多功能的手机产品，黑莓只能勉强度日。

这对联创和开放设计具有重要的意义。个别公司甚至社区的规模大小与创新能力并不成正比。"改变游戏规则"的创新要求创新者具有海纳百川的战略性眼光，或者创新者的运气爆棚，开发出来的产品正好与当时的时代精神不谋而合。曾"改变游戏规则"的成功的"草根"创新，如山地车、饶舌音乐或冲浪，完全属于后一种情况，但这并不代表突破式创新的整体优势。如果开放设计要完全具备创新潜能，除了个体的战术干预外，还需要具备战略性眼光。

对领先用户和克里斯坦森著作的分析为开放设计兼容非专业设计师与专业设计师提供了充分的理由。优秀的设计师有能力通过长时间的实践，实现越来越完美的创作飞跃。在本书第二部分介绍的案例中，我们将看到开放设计的挑战是很难既让设计师参与其中，同时却又不让他们占据主导地位的。正如我们在代尔夫特理工大学的创新促导案例中所看到的，一些设计师教育机构正在解决这个难题。

这将我们的眼光又带向了苹果公司，该公司因为其封闭神秘的作风常常受到诟病。苹果从多个方面证明、独到的战略眼光与以人为导向二者可以兼得。做到这一点，要集中关注产品、系统和人之间的交集，等待适当的平衡点（以各自的方式）再行动。这种关注意味着苹果没有开发新的蓝海技术（与谷歌、微软、惠普不同），也没有一马当先地运用高新尖端技术。在苹果进入这个市场以前，与 iMac、iPod、iPhone、iPad 类似的产品早已存在。它们之所以能后来居上是因为苹果的耐心，它们一直在等待，直到它们明白哪些因素将决定突破性创新的潜力，并从技术、服务、人性多个角度为之集中投入。

这种整合难度极大，需要不断地在细枝末节和宏伟目标（iose）之间进行切换，至关重要的是在细节和战略方面融会贯通，双管齐下。采用集体的、分散的或非等级的方法，大多数组织很难做到这一点。特别是业务重心统一转移的方法（integrated focus-shifting approach）和开源软件开发所采用的模块式方法存在强烈的反差。事实上，开源软件生产枝繁叶茂的原因是它与前者截然不同。模块制作和更新由背景迥异的人参与，这是最恰如其分的方式。参与者无需拥有全局观念。

综述

本章中我们看到一些驱动联创的刺激性因素以及它们如何构成创新网络，而专业设计对其鞭长莫及。它突出了开放设计的一些重要概念，特别是开放设计发展所必需的推动力和机会（通过冯佩尔关于领先用户的著作）。我们也探讨了非设计人员在突破性或破坏性创新方面可能存在的局限性。

最后我们看了克里斯坦森的著作对苹果的论述，倾听了客户、供应商、"常识"的声音，了解了其中的风险。苹果选择了近似于设计的一条路。在新产品的开发和设计时，它集中全力寻找新的成功标准，开发符合这些新兴事物标准的产品和服务。这是 iPod、iPhone 以及 iPad 成功的秘诀，而非依靠新技术。不过，这个战略存在风险——苹果的成功仰仗把赌注压在未来、不被公开认可和不可预期的需求，到目前为止逢赌必赢。问题是它们的"好运"能持续多久？

我们在下一章将了解专业设计对联创的回应，以及它让我们有必要重新思考我们对设计、设计师和非专业设计师在开放设计中所扮演的角色的定位。

第四章

| 设计对联创的回应 |

　　本章将探讨专业设计的发展历史，以及人们是如何开始认识到联创和非专业设计的价值的，将介绍激进的意大利设计的反设计和低培试验（Low Culture Experiments），还将介绍更正式的设计方法：通过以用户为中心的设计以及参与式设计，将非设计人员纳入设计过程中。最后，我们将看到合作设计的发展：由设计师创作原型产品，由消费者完成设计，以此作为专业设计参与开放设计的可能的模式。

简介

在本章中，我们将了解设计如何发展成为今天被人熟知的职业。设计从更广泛的社会分工中分离出来是这一进程的重要一环。本章将继续描述为了缩小专业设计与非专业设计之间的差距所做的尝试，包括创作过程中的非设计鉴赏力。人们认识到非专业创造力蕴藏潜力，对此反应不一。一些设计者试图模仿"非专业设计"的作品，迎合低俗、庸俗文化的审美水平。这表明现代主义中"设计天才"是创作过程的关键正在向设计师只是创新生态系统的一分子过渡。随着创新生态系统的演变，很多人都展现出创造力，设计师在很多项目中参与或不参与皆可。如以用户为中心的设计和参与式设计，都欢迎非设计人员或多或少地参与设计过程。

除了这些行之有效的方法，还有一些有趣的实验和活动探索开放创意的过程。这些活动包括前卫的建议——充气建筑和游牧生活，也包括目前更实用的销售解决方案，要求设计师和非设计人员在产品设计中平起平坐，设计师放弃了传统的创意总监的角色。这种互动可能是设计师为开放设计积极做贡献的最简单的示例；这表示非设计人员可以在设计框架的支持下进行设计。

设计的职业化

专业设计师担任的传统角色是消费者需求、创业可能性与生产技术之间的调停人。设计师担任生产方式的守卫者（如印刷厂、工厂或服务器）。要理解专业设计师褪去守卫者的职责究竟意味着什么，我们首先需要了解这一角色的由来。

前面已经介绍过专业设计的诞生是英国工业革命的结果。在规模化生产和创建模式或模板的需求推动下，设计学校在包括曼彻斯特、伯明翰和利兹在内的主要工业城市应运而生。这些设计学校的教学重点从传统工艺培训转移到设计；非常强调利用生产技术而不是基于传统形式创造产品。

设计专业反映了社会对利用制造技术创造产品的重视，它处于生产过程和社会需求之间。回顾历史，当时设计师对自己的角色定位是：了解制造工艺的可能性，利用它们打造自己的产品，同时满足大众的需求。在 20 世纪 50 、60、70 年代，现代主义设计与高度理性主义方法红极一时。设计师和建筑师将自己定位为最知道怎样生活的人。引用建筑师勒·柯布西耶（Le Corbusier）的名言：

住宅是居住的机器。

这台机器由一帮设计科学家打造。在那个年代，写字楼没有向外开的窗户，因为环境被设计得趋于机械化。每到夏天，芝加哥西格拉姆大厦的（里面的）窗台简直可以炒鸡蛋。

这是开放设计和设计师与用户之间对话的反例。由此引发了 20 世纪 70 年代末奈杰尔·克罗斯（Nigel Cross）对主流设计教育的猛烈抨击。

现代运动的许多建筑师同时也是设计师（一人身兼二职的情况仍然存在），但是与建筑专业相比，设计专业势力较弱，传承性不强。有一些专业设计机构，比如特许设计师协会（CSD）和商业设计院（BDI）。不同于专业的建筑设计机构，CSD 在行业或设计教育内的地位不高。部分原因在于专业设计师不像专业建筑师一样受到法律保护：只有得到 ARB（建筑师注册管理局）的认可，你才可以自称为建筑师，而几乎所有的建筑师都会选择在 RIBA（英国皇家建筑师协会）注册。然而，任何人都可以自称设计师，因此鉴定设计师唯一可行的办法是：如果你靠做设计赚钱，你就是一个专业的设计师，无关乎你是否接受过任何培训或拥有资质认可。专业基础的缺失使设计这门学科很不稳定，同时联创活动（和开放设计）从根本上动摇了设计者作为最知道人们需要什么和想要什么的人的地位。

专业设计师开始失去消费者和技术之间守卫者的作用。一些评论家，如保罗·阿特金森认为我们正在进入后专业时代：

专业人士与业余爱好者之间的界限变得如此扭曲，难以界定，模糊不清。[1]

我们可以明确的是，设计师作为制造技术守卫者的作用正在衰退，比如印刷行业。线上和物理通信生产方式，以及实物物品的创造方法，逐渐掌握在每一个互联网用户的手中。下一个关于设计未来的章节将深入探讨这些新的潜力。简单浏览 Shapeways 在线平台（www.shapeways.com），你就会发现无需设计师充当调解员的角色，每个人都有各种各样的可能性来创作并推销自己的产品。贯穿本书的一条主线是从掌控者到协助者对设计行业意味着什么？将涌现哪些新的设计实践类型？

这是当下开放设计活动的前沿。设计行业和"其他"设计活动之间的关系将决定未来开放设计的特性。本书认为设计专业人员对开放设计实践、方式方法的发展和完善起到了至关重要的作用。为了充分挖掘这一潜力，设计师须放下身段，与非设计人员不分等级地合作。

OPEN
DESIGN
AND
INNOVATION
开放设计与创新

---

[1] 阿特金森，2010 年。

用户在专业设计过程中的作用

设计师与设计产品和服务的使用者合作，这种行为有着很深的渊源。并不是所有设计师都力求高高在上地将解决方案强加于人。尽管设计之所以能称之为设计就是因为设计专业人士掌握着问题的解决方法，拥有特别的创作才华[①]，但是在许多情况下，用户或客户构成了设计过程的一部分。本节将介绍包含普通公众的两大类设计过程：以用户为中心的设计和参与式设计。

这些过程与开放设计相关，因为它们表明了非专业设计人员在传统设计过程中发挥的作用。通过扩展案例分析，本书将详细介绍新型开放设计过程并且为此确立基准。这些案例研究展现了与以用户为中心的设计和参与式设计截然不同的做法。

"以用户为中心"是主流设计和设计教育的常用术语。这方面的例子包括弗拉斯卡拉（Frascara）的书《用户为中心的平面设计》（User-Centred Graphic Design）。一些公司，如 IBM，陈述企业使命时，直接使用了"以用户为中心"这一术语。论文中也不乏这样的例子，比如，理解用户的经验：以用户为中心的互动媒体设计工具[②]；此类书籍也不胜枚举，尼尔森（Nielsen）所著的《可用性设计》（Usability Engineering）和布林克、葛谷和伍德所著的《网络的可用性》（Usability for the Web）。这个短语在非学术场合也很常见，比如，创意评论和设计周。当代设计师熟知以用户为中心的方法和观点。

参与设计过程的非设计人员约定俗成地被称作"用户"，这就存在一些问题了。"用户"这个词暗含消极以及药品使用的负面意思。更恰当的

第四章
设计对联创的回应

---

① 尤利尔，2000 年。

② Knight and Jefsioutine，2002 年。

词应当是"参与者""公民",甚至更为简单的"人"。但是,我们不可能一边谈论以用户为中心的设计,而一边舍弃术语"用户",因此在这里我们将继续沿用这个称谓。

以用户为中心的设计的特征在于优先考虑用户的需求是设计过程的一个重要组成部分。这个方法与在两次世界大战期间设计学校包豪斯和沃尔特·格罗佩斯(Walter Gropius)所建立的设计传统不谋而合。沃尔特·格罗佩斯是包豪斯的第一任校长,他呼吁:

> 建筑师既能做仆人,也能当领袖。[①]

位于芝加哥的新包豪斯[后来成为伊利诺伊州技术研究所(IIT)],在拉兹洛·莫霍利·纳吉(László Moholy-Nagy)的带动下,积极推进设计师和用户建立关系的观念。纳吉认为,新社会的基础必须是个性化,而非采用理性解决办法的普遍化。他的观点与当时同在 IIT 任职的密斯·凡·德·罗(Mies van de Rohe)形成了强烈的反差。后者发起了与包豪斯相悖的思想潮流,追求机器美感。

基于这种对个人价值的信念,莫霍利·纳吉推崇:

> 设计的质量不单单取决于功能、科学和技术工艺,还有社会意识。[②]

这种信念为在设计过程中更积极地考虑用户奠定了基础。理解开放设计与设计专业之间的关系,至关重要。有一类极端现象是设计师坐在与外界多少有些疏离的工作室中,思考用户需求。这勉强符合"以用户

OPEN
DESIGN
AND
INNOVATION

开放设计与创新

---

① 布西尼亚尼,1973 年。

② 费德里,1998 年。

为中心的设计"的定义；大多数设计师与用户的联系更加紧密，但相关的主要研究表明，专业设计师与非设计人员在创意过程的合作通常非常有限[①]。开放设计属于另一个极端，设计师不算领导者，事实上很可能就不存在领导者（或跟随者）。

"以用户为中心的设计"认为用户是重要的信息来源，在创意产生与合成的过程中，通常优先考虑用户的需求，然后由设计师解读。这个方法本身无可厚非；它的确是一种非常有效的设计策略。优先考虑用户需求的一个实例是，由 CRIA（澳大利亚通信研究院）承担的重新设计药品包装的设计项目。CRIA 受邀重新设计警告药物副作用的标签。这个设计项目最终没有产生新的包装，而是促使药物新配方的产生。设计团队最终恍然大悟，无论以什么形式呈现信息，药物的副作用都不可避免。用户显然需要的是药理的改变，而非信息设计的变化[②]。

CRIA 院长大卫·斯莱斯（David Sless）指出"以用户为中心的设计"的关键原则之一是要有礼貌地与用户对话。他认为用户的重要性，不仅仅体现在功能方面——根据用户的反馈优化设计，还体现在社会/政治方面。

在当代设计实践中，几乎无人质疑用户需求的重要性。然而，设计者满足用户需求的方式不尽相同。"以用户为中心的设计"是由设计师控制、调节、制定满足客户的方式。与此类似，以用户为中心的设计师，他们负责创意开发并将创意整合为解决方案。这与开放设计截然不同，在开放设计中，设计师并不制定时间表，也并不控制创新过程。如果设计师们想在开放设计中有所作为，"以用户为中心的设计"就是他们需要超越的传统之路。

---

① 克鲁克香克和埃文斯，2012 年。
② 斯莱斯，2002 年。

参与式设计

参与式设计（PD）与"以用户为中心的设计"平行。它比后者的开放程度高，但在设计专业中较为少见，它主要集中于信息技术，特别是工作场所的计算机系统实施中。参与式设计也存在一个悖论；理念上它将工人置于非常接近创意的产生和合成环节的位置，因此它比以用户为中心的设计方法更加开放。参与式设计的另外一面是结构性更强、等级性更严格且受外部牵制较大。例如，外部研究人员将僵化的标准化方法和程序强加于劳动者。这有利于严谨的研究，但前提是研究人员知道什么才最适合特定的用户群体。参与式设计相当于价值的强制灌输，这与开放设计格格不入，并且趋近于文化帝国主义。

开放性和强加僵化结构这一矛盾起源于参与式设计的产生。20 世纪70 年代位于斯堪的纳维亚半岛的研究人机交互的科研院是参与式设计的摇篮。参与式设计主要关注引入计算机系统对产业关系和工人利益的影响。肯辛和布隆贝格进一步阐述了其鲜明的立场：

> 研究人员和工人之间的合作主要基于以下假设：如果工人和当地工会充分了解技术和工作之间的关系，设立自己的目标，并制定地方和国家战略，发出代表自己利益的声音，工人就能加强对工作环境的控制。[①]

该研究观点支持参与式设计，力挺工人"反对"管理层硬性要求使用计算机系统，形成正式或家长式的方式方法的既定事实。例如，有一种方法是研究人员开发课程，传授优秀设计，并探讨技术和组织问题的

---

① 肯辛和布隆贝格，1998 年。

监督项目工作的讲座。现有的一系列参与式设计方法包括 CESD（合作实验系统开发）和情境设计，专注于早期设计活动；被称做 MUST 的流程[①]同样如此。这里不再逐一详细介绍上述方法，但它们都有严格定义的方法和在设计过程中遵循的流程。

这种正式的方法论方式非常适合一些数字系统开发，因为开发团队会采用公认的一个方法或方式进行数字系统开发，例如，采用敏捷（Agile）编程方法。这也是事实，在所有利益相关者都参与创作过程的情况下，参与式设计的氛围已经接近于开放设计。尽管其中的张力上升，需要一个正式的流程。但是参与式设计的开放类型实际上受人控制，结构性很强，并且是从外部强加而来。需要把这些事情教给工人，从这方面来看，它与开放设计的特征就截然不同，开放设计更具备非等级制、人性化、自然流程的特征。开放设计的基调是好玩、突发奇想、不可预测，因为没有强加的结构方法，或者至少这种结构尽可能地低调。因此参与式设计是一个怪胎，想开放，却通过严格的过程和外部强加的价值观进行控制。这种自相矛盾也存在于下一节介绍的设计师，他们意识到常人的创造潜力的价值，却不愿意或不能够放弃对创作过程的控制。

这里值得注意的是，设计界的另一种非等级设计方法是共同设计。它让人们看到参与式设计方法的另外一面。在很大程度上，共同设计不存在政治维度。第六章的案例研究"PROUD：城堡之外"项目，我们将看到作为开放设计的一类，共同设计的极致应用。

以设计为主导的本土化设计：开放与控制兼得的设计尝试

几十年来也有小部分设计师希望将非设计人员纳入创作过程中。本

---

① 肯辛、西蒙森和伯德克尔，1996 年。

节将介绍这些先锋设计师如何努力在创作过程中采纳非设计人员的看法，但受到专业规范和见解的限制。本节描述了他们如何拆解这些限制的条条框框，但却没有办法完全跳出条条框框的限制。以设计为主导的本土化设计作为垫脚石，使今天的设计师能够从事开放设计项目。

从 20 世纪 60 年代起，设计师们前仆后继地探索让非设计人员参与他们的工作。受到波普艺术以及后来的后现代运动的启发，设计师尝试将"低俗文化"和非设计感引入创作。这是从传统设计流程到开放设计活动迈出的第一步。它也表明这些最初的尝试是之前实践大肆宣传之下的失策之举。没有研究、实验和命题设计的过程，就连产生开放设计这一构想都难上加难。正如我们将看到的，一些最有趣的开放设计方法是直接从最初的实验发展而来的。

20 世纪 60 年代，激进的意大利设计团队，主要集中于工业化的意大利北部，开始崭露头角。这些团队包括 UFO、全球工具、超级工作室、阿基米亚工作室，等等。他们集体批判现代主义设计，认为它受到理性主义、极简主义和"机器美学"的支配。为了抵制这一潮流，他们共同开发了设计干预措施，并称之为"反设计"。他们用了许多招数挑战设计的名门正派。其中包括在体积上大做文章 —— 超大棒球手套被做成椅子或其他物品，或将物品抽离它们正常的使用场合：（假的）仙人掌变身衣帽架。这些作品是设计领域对杜尚的现代艺术的反艺术探索的响应。激进的设计团队还制作工具箱，帮助人们设计自己的物品，以及利用废木头或者大街上捡的其他物品进行设计。阿基米亚工作室发明了一种可充气的房子，可以放在背包里四处携带。理论上来说，它让一般民众集体控制和修改城市规划。阿基佐姆（Archizoom）开创了"可居住橱柜"概念，房间的摆设被装在衣柜大小的带轮子的可移动的箱子里；用户可以随意修改、布置、搬动这个箱子。阿基佐姆假定人们将住在多层的大型仓库式结构中，空间充裕，但没有自然光照射进来[1]。

这些概念设计为设计师探索"没有设计师的设计"活动播下了种子。例如，物品体积的变化带来功能的改变（手套变成座位），这并不需要设计师。这些实验还展现了对大众品味的追求，而非当时流行的高端设计。

20世纪80年代的设计团队孟菲斯在相对商业化的环境中向传统的设计价值观提出了挑战，特别是在美学和材料两个方面。该团队由艾托瑞·索特萨斯（Ettore Sottsass）创立，由建筑师和设计师组成，组织松散。它是激进的意大利设计团队的商业化化身[2]。（除了其他设计活动以外）孟菲斯设计家具、餐具和瓷器，得到意大利家具行业的资金支持。有了资金来源的支持并通过米兰、伦敦和纽约展会的推广，孟菲斯成为设计实践和设计教育的主力军并且——

发起了世界上最流行的先锋派（Avant Garde）运动。[3]

孟菲斯团队反对批量生产，以及"为大众设计"的单一套路，推崇混合工业/工艺方法。他们率先使用"低俗文化"材料，比如，用复合刨花板（贴面）做成豹纹图案。这种设计方法蕴含更深层的含义，致力于推翻创意产业的等级制度。孟菲斯重视低俗文化和大众创造力的价值，而它也反映了参与开放设计的设计师的动机。

从激进的意大利设计师身上，我们看到了欢迎非设计的潮流。这来自设计掌控之外的创作过程，例如，夜总会美学是孟菲斯的灵感来源和模仿对象。孟菲斯采取的立场意义重大。在它的影响下，设计师可以坦

---

[1] 布兰兹，1984年。

[2] 同上。

[3] 瑞梅格和巴克，1998年。

然进行开放设计。它摆脱了刚性意识形态和控制理论；它反对教条主义，以及所有"主义"。这些对设计师不可或缺，这样一来，他们可以在开放式设计环境下与人们协商新的工作方式，而不表达自己意识形态的立场。这可能具有非常实际的意义：如果设计师普遍遵循"少即是多"的指导规则，他们会发现很难自由地与真正喜欢设计的人合作。理论的开放反映了反设计的开放性，接受了非设计人员持有不同的品味和美学价值。用批判性的眼光来看，实际上，孟菲斯和反设计并没有做到让非设计人员参与到他们的创作过程中。

开放设计师们的创作过程：共同创作新产品

采用非设计产品的视觉风格，放弃教条主义的理论立场，仅仅是开放创作过程迈出的第一步。下一个阶段是探索设计师和非设计人员如何携手创作。这里的概念不是指与某个人共同合作；这种做法由来已久，但资源有限 ——与设计师合作，只为某个人打造一件设计，造价高昂。对策是设计和生产"原型产品"，然后销售。每个消费者在设计基础上都可以以其他方式进行改造、增补或更改，满足自己的需要和喜好。

20 世纪 90 年代罗恩·阿拉德（Ron Arad）设计的变形椅就是运用这种方法的一个经典案例。变形椅是一个带有密封盖的大型豆袋。它可以根据人的体型定型，然后通过内置的真空吸尘器将袋中的空气吸出，并将椅子形状锁定。没有空气的聚苯乙烯珠粒锁定在一起，与真空包装的过滤咖啡的"砖袋"感觉上大致相同。这个案例非常生动地说明设计师为用户提供了一种创作方式，在设计师设定的前提条件下，用户可以设计属于自己的独一无二的家具。这些前提条件包括豆袋的尺寸和颜色，以及椅子可以呈"块状"，没有优雅的椅子腿。

变形椅之所以具有非比寻常的意义是因为在此之前，设计师（如孟菲斯）试图通过屈就低俗文化的价值观、材料和美感，将用户纳入设计过程。但整个过程由设计师牢牢控制，本书称其为设计主导的本土化设计。变形椅的不同之处在于，它将部分创作控制权从设计师移交到了非设计人员手上。这种原型设计方法在更明确开放的设计环境中也会大放异彩。结构和组合方式灵活多样，用户可以打造属于自己的设计。这是设计师参与而不主导创作过程的一个可行之路。

除了变形椅，阿拉德的多个作品均符合孟菲斯式的"假本土化"设计方法。他用脚手架管做了漂亮的床，用罗孚汽车旧座椅（杜尚的现成品的活学活用）做了一把客厅的椅子，将音响系统浇铸进粗糙的混凝土中。所有这些作品都采用日常材料，但非常具有设计感。

变形椅展示了非设计人员参与设计的一个新层面。阿拉德放弃了部分控制权，允许椅子用户在一定程度上决定它的形状。这是迈向开放设计的一步。在开放设计中，正如变形椅一样，我们看到设计的约束条件决定创造的可能性。变形椅的限制条件是开始时设定的通用尺寸和形状。在开放设计中，比如，在线设计属于自己的 T 恤，你必须遵循基本的两个袖子的样式模板。在一组设计限制条件下，你有自由发挥的空间。但我们可以想象一件有趣的服装，带有一圈儿 20 个袖子，能让你随心所欲地改变 T 恤的"前脸"。

基于共同创作产品的理念，设计协作（design collaboration）在荷兰诞生，进一步发扬与延伸了这一理念。随着团队内部推理路线（line of reasoning）的影响力日渐式微，楚格设计团队的活动真正开启了开放设计方法发展的新篇章。本书将在后面的章节会对楚格设计进行详细的介绍。在以设计为主导的本土化设计演变成一个更加纯粹的"开放设计"方法的背景下，楚格设计完美地跨越了这一演进过程。楚格设计曾经一度是设计界的超级巨星，在伦敦和米兰设计展上大规模展示其作品，并在纽约现代艺术博物馆进行里程碑式的展览。结果，它对传统设计师—用户关系所提出的挑战获得了铺天盖地的宣传，并将这些概念介绍给当时许多不满现代主义和媚俗的后现代主义方法的新生代设计师，例如孟菲斯。

通过两个楚格设计作品的比较，我们会轻而易举地发现楚格设计方法的成熟过程，从设计师控制的本土设计到更加自由的开放设计方法。1994 年，理查德·赫顿（Kichard Hutton，楚格设计的成员）为英格瓦·坎普拉德（Invar Kanperard，宜家的创始人）赞助的展览设计了一个长凳。赫顿的设计灵感源自坎普拉德过去与纳粹的联系，并将其命名为"坐在上面"［s（h）it on it］。长凳采用纳粹符号卍的形状，可以坐四个人。在该作品展出期间，有人在座位上涂写下——"历史永不重演"。设计师保留了这个涂鸦作为作品的一部分，但设计过程基本由设计师完成并控制。

楚格设计的"做创"（do create）项目与之形成鲜明的对比。它由半成品组成，必须在购买后完成设计。包括必须用锤子敲打金属立方体使之变成椅子（由楚格设计提供锤子），从大张塑料片中剪出塑料桌布。这些原型产品趣味性十足。设计师和客户双方共同决定设计的最终结果，任何一方都没有真正控制设计。

"做创"项目包含直接用材料制作新产品 —— 剪裁板子；敲打金属椅；刮去黑漆，制作背光标志。然而，还有另一种截然不同的方法：不提供材料，而为人们提供建筑的基石。不同组件选择带来自由发挥的空间，索特萨斯的模块化房屋设计是例证之一。楚格设计团队的设计师马克·万博（Mark Wamble）和道恩·芬利（Dawn Finley）在 Klip Binder 房屋设计中再次运用了这一方法。这些项目提出衣柜大小的模块化单位连接在一起可以形成居住的通道。不断扩大的空间让人联想到阿基佐姆的宜居橱柜和康斯坦特的新巴比伦项目之间的交集。区别在于索特萨斯以及后来的万博和芬利提出的是一件产品/系统，而不是一个思想实验。购买房屋的人可以从架子上拆下组件，与房屋连接，组成拥有狭长通道、多个房间的家。这类产品非常容易重新组装、扩容，甚至与其他房屋合并。

我们再一次看到设计师提出了一个结构或支架，让用户打造属于自己的产品、服务或者如上面的案例——房屋。设计师通过创建组件促导设计，但他们无法控制设计成果——如何使用这些组件。"贡献但不主导"这一模式至关重要，其不仅是对设计师寻求积极应对开放设计提出的挑战的方法而言，而且是普通人探索过去由设计师掌控的生产方式的捷径。

打开创作过程：迈向开放设计

对于开放设计而言，模块化方法的危险在于模块和连接模块的系统形成控制过度的框架，而提前决定设计成果。在这里有必要回到开放过程的不成文的标准。一个模块化系统必须保留参与者创造的东西被原设计师厌恶的可能性。即使模块化灵活度很高并且有大量模块可供选择，这种可能性仍然存在。但是，更好的解决方法是使创建模块本身成为非设计者可以参与的活动。本书将在后面的 Gadgeteer 案例研究中，更加深入地探讨这个问题。Gadgeteer 系统让非专业人士设计自己的电子产品，同时也为他人创建可供其他产品使用的模块。

在本节中，我们已经看到专业设计对开放创作过程的早期反应，看到其怎样受到专业设计和实践准则的辖制。我们也看到，这一块垫脚石引发了新的实践和设计干预措施，其中设计师和用户共同承担产品的创作。这是设计回应开放设计并在其中发挥作用所迈出的重要一步。共同承担、互相分担新产品的创作、服务的责任，这是开放设计的基本理念。

下一章，我们将看到专业设计和更广泛的创意社区如何应对开放设计提出的机遇和挑战，并在此过程中的发展。

OPEN

DESIGN

AND

INNOVATION

第五章

| 开放设计的未来 |

在本章中，我们将看到专业设计对开放设计的战略对策，包括定制化、分散式设计和搭建解决问题的平台等。我们还将看到与专业设计毫无干系的开放设计活动。开放设计开始解决改变生活的问题，还引发了我们对开放设计意义的讨论，我们呼吁设计师在这类项目中发挥积极的作用。

简介

在前几章中，我们探讨了不断变化的联创、创新格局，以及专业设计如何应对联创带来的机遇。下面我们将看到面对开放设计的可能性，所采取的不同的战略对策。具体来说，我们先来了解一下理论基础框架，帮助我们理解开放设计活动。开放设计行动有四种不同类型。

1. **定制化**：消费者有权修改产品设定，然后在中央工厂生产，并最终拿到产品。我们将讨论这需要达到何种程度，才能被称为开放设计，而不是单纯为消费者提供更大的选择空间。

2. **分散式设计**：带有设计系统，完成了销售后的创作贡献才为整个产品生产流程画上句号。

3. **开放结构**：开放设计系统，如平台、工具或方法设计，帮助非专业设计人员独立创作自己的产品（和潜在的服务），而帮助搭建设计系统的专业设计师不再参与其中。

4. **开放通路**：超出设计输入的范畴，并且它的理论前提是，无论你是什么背景的人都有权使用生产方式。

本章最后的部分探讨开放产品开发是如何引发新的创业形式以及新产品的开发形式的。这里是指开放设计解决重要的而非细微的设计难题时，比如个人珠宝或装饰，需要设计专业知识。

应对开放设计

在不同时期，不同行业的专业设计（以及整个创意产业）都曾遭遇过来自联创的挑战。对基础设施要求最低的行业往往首当其冲。因此，图形和网页设计行业是著作权、联创、民主化设计争论的焦点，因为生产资料对普通计算机用户来说唾手可得。产品设计在应对这些问题的道路上刚刚起步，而有些行业还未出现开放设计，比如汽车设计。

如上文所述，设计师作为用户与生产资料之间守卫者的地位渐渐消失。摄影行业就是可以参照的前车之鉴，专业摄影师的角色被重新定义。与此类似，原本由平面设计师提供的服务正通过电视广告推销给普罗大众，例如，设计自己的网站或制作贺卡。

现在非专业设计人员除了能够在新型数字网络平台上进行设计活动外，还能够以极低的成本与很多人分享这些设计活动的成果。这种分享创意的能力正在改变协作和知识共享，并且降低非专业设计的难度。

从短期来看，它在激发企业做出战术响应。例如，Dare Digital，一家数字设计公司，积极开发新的客户合作方式。Dare Digital 不仅向客户售卖产品，还充分利用了其受众的能量以及对特定品牌的热情[①]。在本章中，我们还将看到更多有代表性的公司案例。这些公司从战略上优化业务，回应开放设计。这也正是本章重点关注的内容。

联创的战略回应

设计师与公民（或用户）的交互方式正在发生战略性转变。特别是优秀图书《开放设计》（*Open Design*）的主要作者之一彼得·特克斯勒（Peter Troxler）和多本 DIY 及开放设计著作的出版人保罗·阿特金森认为设计师—用户关系正在发生更根本性的转变。他们一致认为设计领域发生的变化迫使人们重新评估专业设计师的定义。这其中包括业余和专业设计的合并（在某些情况下）；这些变化也指多人持续且分散在开源模式下开发产品。

人们对于这种模糊的定义方式争论不休——专业和业余设计之间的

---

① 克鲁克香克和埃文斯，2012 年。

差别不断缩小，许多设计师和设计评论员对此也心存芥蒂。

对 E. 拉普顿（E.Lupton）公开的平面设计大众读本的回应 [1] 就是其中一个生动的例子。以下文字摘要，引自贝甘和阿特金森（2008 年），表明了设计行业中的一部分人对此的看法：

我们在降低设计的难度，我们的专业也随之贬值。我喜欢民主，也喜欢后起之秀，但由于新技术的兴起，像平面设计、摄影、电影和音乐等领域的"业余爱好者"正在被重新定义。随着一切被民主化，我们将失去精英的光环。

拉普顿的回应完美地体现了传统的专业设计者和那些接受了开放设计时代已经到来且要持续很长时间这一事实的人之间的隔阂。

也许我们的信誉不应来自设计师的精英地位，而应来自设计与生活无所不在的联系。并非人人都是设计的"专业人士"，都要解决复杂的问题，开展资本密集型的大项目。但人人都可以设计自己的生活元素，从个人名片、信头到自己的传单和婚礼请柬。 [2]

不迷信精英设计师以及对非专业设计的创意和判断力的认可，源自非常成熟的设计理论及理念的立场。这些理念为挑战等级制度奠定了基础，通常在开放设计讨论中鲜少被提及。

以理查德·柯尼（Richard Coyne）和阿德里安·斯诺德格拉斯

---

[1] 拉普顿，2006 年。

[2] AIGA，2006 年。

（Adrian Snodgrass）为代表的当代设计理论作家试图推翻专业设计的"托勒密理论"——认为自己是创作宇宙的中心。借鉴解释学哲学家伽达默尔（Hans-Georg Gadamer）的思想，他们挑战了所谓的系统化者（systematiser），比如，设计科学之父赫伯特·西蒙[①]。他们认为，系统化者把设计当作一门专供精英掌握和使用的科学。这是对现代主义者和后结构设计师、理论家之间长期以来争论不休的问题的简要概括。尽管这场争论引人入胜，但它超出了本书的讨论范畴，在这里就不再赘述。

理论家德勒兹和瓜塔里就如何重建秩序（例如，等级制命令结构或精英设计师的地位）的问题提出了非常实用且具有挑战性的观点。他们提出了一系列概念，设计师退下引领设计的位置，进入更加错综复杂的创意生态系统。其中最为人所接受的概念是"根茎"。受生物界的启发，"根茎"指相互连接的结构，有多个入口点和出口点，通常是非线性的，但也能自发形成传统的分支等级结构，并且自发还原成为非线性结构。

世界上现存的最大的生物体就是一种根茎：蜂蜜蘑菇（或者名为奥氏蜜环菌），生长在美国俄勒冈州，占地面积达 8.8 平方公里。它由相互连接的菌丝簇组成，延伸至地下一米。一旦形成足够多的等级结构，如巨型垫子般的蜂蜜蘑菇就会突破地表，传播孢子。这时人们才能拨云见日般地看见这个生物。同样肆意生长的草莓植株也会形成根茎；构成非线性无组织的植物网络，但包含传统的分支形式。将开放设计比做根茎再恰当不过。开放设计暗含许多相互联系的活动。只有传播活动声势浩大——出书、发起新的倡议或者大肆宣传——这些活动才能赢得更广泛的关注。更为重要的是它表明了另一种结构形式下的设计，更细致、更复杂的新结构可以取代设计师—用户关系的"二进制逻辑"。

---

① 斯诺德格拉斯和柯尼，1997 年。

中心（甚至多中心）系统具有划分等级的沟通模式以及预先设定好的沟通路径。

与之相比，根茎是以 a 为中心的、不分等级的，无指挥、无组织记忆或中央自动化的没有象征性的系统。[1]

以根茎为切入点，描述开放设计的流程和关系，这非常富有吸引力。根茎这一比喻侧重表达群众参与，但没有中央组织力或组织权。它还提供了进入其他更传统的层次结构的切入点和关系。与更多结构化和传统的"以用户为中心的设计"方法以及供应链和物流等问题对接，这是行之有效的办法。以开放的心态参与传统结构至关重要，如果为了实现更广泛的影响力。正如我们将看到的，自由的非结构化的活动与有策划、有组织的框架之间的平衡是在开放设计项目中取得成功的一个关键因素。

开放设计最重要的问题之一在于人们需要多少的支持和指导，才能够拥有最大的创造潜力。如果支持结构过于臃肿，设计成果就会被设计师隐形的手控制；人们只是从一系列设计师预先设定好的选项中进行选择。如果得到的支持太少，将与许多潜在的非专业的创造性贡献失之交臂。因为从零开始很难，即便对经验丰富的设计师而言也不例外。

设计回应

在本章中，我们已经看到在积极性更大、创造力更强、等级制度更淡薄的社会的冲击下，广大专业设计人员——从兼职设计师到理论家的抗争。接下来，本章将介绍专业设计面对变化的一些应对方式。最后，我们将探讨这些对策如何融入更宏观的开放设计画面。与此相矛盾的是，

---

[1]　德勒兹和瓜塔里，1996：21。

如果本书所举的例子足以说明问题，专业设计通常对更广泛的开放设计活动领域的影响力就微乎其微。

本节将介绍三种不同类型的策略的开发设计师与新型开放创作过程之间的关系。我们还将了解一个设计领域之外的策略。第一种策略着重于让消费者个性化产品（有时还有服务）。这可以使消费者以最适合他们的方式调用经验。第二种策略，分布式设计，它的特点是设计师出售或共享设计作品或方案，由非设计人员最终完成设计。举个例子，一种壁灯，消费者可以自行决定光从壁灯的哪个部位照射出来，然后刮去那个部位的黑色烤漆，这时壁灯才能发挥照明功能。针对第三种策略，我们先看一下开放结构。设计师通过搭建平台、结构和指导，帮助非设计人员激发创新性创作。这将（设计师）以设计方式搭建的平台引向为更广阔的开放设计服务。最后，我们将了解建立在为公众提供做东西的能力的基础上的一种方法，它也将作为促进开放设计的一种策略。

1. 设计及定制化

这里所说的定制化是指，根据个人的特定需求量身定做产品和服务。产品交付给客户之前一般由制造商完成。这与消费者购买产品后再进行改造截然不同。前面的章节曾简单提及这个问题。接下来分布式设计一节将进行深入探讨。论及开放设计，我们很容易忘记规模化生产和消费事实上是战后产业化和标准化的产物。即使是现在，大量的设计实际上也还是客户与创作者之间的积极对话。这种定制化方法在今天的创意产业仍然盛行，从建筑到时装再到首饰行业。虽然这种方法毫无疑问正在复苏，但是对大多数产品而言，设计师与客户一对一工作的时间成本过于高昂。

定制化提供了介于规模化生产和全定制化设计之间的选择。适度或低程度的定制化是企业的一个可行性选择。企业无需大费周章地改变流程，就能吸引客户群中的很大一部分人。甚至一些推崇实用主义的企业，比如福特全顺面包车，都提供了超过上百万种可能的设计供消费者选择。

公司以各种不同的方式回应定制化的可能性。在下面一节，我将以鞋业为例，对这些不同的回应方式进行解读。汽车、定制化电脑设计、厨房设计等其他行业同样不乏相似的案例。

耐克和范斯等公司占据定制鞋的主流。它们提供有限的款式选择，顾客购买后可以适当地改造预先设计好的各种款式的鞋。它们还规定了一些限制条件，例如，你可以在你的新耐克鞋帮上添加 12 个刺绣的字母，但这些字母不能拼成"奴工"（slave labour）。总体而言，这些主流定制鞋的选择有限，大部分只能更改颜色。

更有趣的是独立的制鞋公司，因为不具备耐克的品牌知名度，它们被迫另辟蹊径，打造属于自己的标志。这个领域的先锋是现已解散的 Customatix，它目前仍是将定制化做到极致的标杆。Customatix 由阿迪达斯的几位高管戴夫·沃德（Dave Ward）、依瑞米·克洛兹（Irmi Kreuzer）、米卡尔·拜沃图（Mikal Peveto）和大卫·索克（David Solk）创立，提供的主营项目为鞋子。客户可以从三十亿兆的鞋款中挑选[①]，选择范围是地球表面积的 3 倍还多。

该公司成立于 2000 年，公司网站设立了新标准并提供了一个非常实用的在线鞋设计流程。只需花费约 90 英镑，任何使用 Customatix 网站的人都可以设计属于自己的鞋，3 个星期后完成制作并从工厂发货。这非常符合开放系统的不成文的规定，允许客户创造设计师或者普通人可能讨厌的东西。比如，一双"沙漠靴"，被设计成艳粉色和银色相间的皮质

---

① 彼得森，2003 年。

靴面，黑色的鞋底再加上洋红色的鞋带。这也不无可能。十多年后我还穿着在 Customatix 上设计的鞋子：仿长颈鹿纹鞋底，左右不对称，一边红色，一边紫色，鞋舌上缝有企鹅的图案。当然，很多人了都会将粉红色、银色的鞋子与糟糕的品位差划上等号。这是定制化的本质——由系统提供的"解决方案的空间"需要足够大，才足以支持真实的个人表达。

Customatix 的生意只运营了几年；鞋部件的存放成本以及成交成本高得惊人。若在今天 Customatix 可能会走得更远，因为按订单的生产系统现已更加成熟。不过，也有人批评它的定制化仅仅是提供了一系列的设计材料，而非真正地开放创作过程。还有一些制鞋公司，采用截然不同的开放设计方式。

MES 定制鞋等公司引入了新的定制鞋模式，不局限于提供一些由公司决定的鞋样。客户可以在 MES 网站上将自己的图片加到鞋子的设计中。任何图案、标志或设计都可以印在鞋上。MES 是一次彻底的颠覆；它为设计带来了无限的可能性，与 Customatix 不同，后者只提供很多设计选项。在 MES 网站上，你还可以"摆摊"，向其他人销售自己的设计，赚取佣金。这激励了"摊主"推广服务。这是普及自给自足的生态系统的一次有趣尝试。

基于社区参与（和口碑广告）的商业模式意味着初创企业在很大程度上活力不足，会以失败收场。不可避免地，在那些提出最有趣方法的公司中不乏初创企业。因此，尽管 iTailor 严格遵守交货时间，按时提供量身剪裁、注重细节、带有姓名组合的定制牛仔裤，它还是在真正开始投入生产之前就歇业了。

有些公司提供那些并非真实存在的服务，但也做广告、接单。其中一个有趣的（可能稍微令人不安的）例子是 Rayfish 鞋业公司（http://

rayfish.com/）。该公司提供的服务是：客户可以组合多只黄貂鱼的独特标记，然后从遗传学角度操控黄貂鱼的胚胎，与这些标记匹配，如该公司网站所介绍的：

> 我们的专利生物定制流程可以为你设计属于你自己的转基因黄貂鱼。使用我们的基因库，你可以从数十种黄貂鱼中选择并组合皮肤样式和颜色，由此可设计出无数种样式的鞋子。批量生产代表昨天，批量定制化代表今天，而生物定制化才是真正的明天。[1]

此举非同寻常，放大了一些有关开放设计的潜在的道德问题。在这种情况下，怎么处置那些和指定颜色不符的鱼？这注定了会产生多种多样有争议的结果，是放了那些鱼？还是作为"劣质品"低价处理？或者把它们杀掉？除此之外，设计、培育并制作一双价值 1800 美元的鞋需要若干个月。事实上，Rayfish 鞋业是荷兰活动家团体 Nature Next 精心设计的骗局，意图是突出新技术的负面影响，激发关于动物在商品制造中所发挥的作用的争论。[2]

定制化代表传统商业实践与更激进的做法之间的交叉。前者为客户提供选择，后者是公司和客户共同设计、完成产品或服务。这两者之间的界限较为模糊 ——有多少选项才算是足够庞大，从而让选择变为创造性活动，而不仅仅只是停留于选择？下节介绍的分布式设计将关注一种新模式。制造商不再探听客户想要什么（例如，通过网站），然后再开始生产；而是放松对最终产品形式的控制（或者，理论上讲，服务）。

---

① http://rayfish.com/index.php?chapter=faq。

② www.nextnature.net/events/rayfish/。

2. 分布式设计

分布式设计与个性化的区别在于设计和最后的制造在使用过程中完成，而非在购买之前完成。这就使许多决策和对设计过程的限制超出了企业和产品创意设计师的控制范围。例如，产品的形状或颜色可以由最终用户随意修改，设计师无法再干涉。

分布式设计和 DIY（自己动手做）之间在一定程度上相似。DIY 会提供一系列的工具、指南和指导书籍，教你怎样完成 DIY 产品。有一个将 DIY 发挥到极致的例子：飞利浦·斯塔克设计开发了名为《盒子里的家》DIY 手册，帮助购买者搭建自己的木屋①。

近年来，DIY 已受到设计思想家的关注，特别是在保罗·阿特金森（2006 年，2010 年）的推动下。DIY 仍然代表创造性活动的一个领域，本质上来说很难对其进行研究。本书已经提及 DIY 的政治含义，但大多数 DIY 并不代表着反商品化；而是表明动手制作带来的乐趣使然。请别人制作成本高昂或市场无法轻易满足自己的独特需求，这也是 DIY 的主要原因。这些因素的组合效应是设计隐藏的驱动力。

分布式设计方法通常希望也能获取推动 DIY 活动的动机。我们已经介绍过其中的一个方法：原型设计是销售未完成的产品，邀请买家自己完成设计和制造工作。从某些方面来看，这种方法有悠久的历史，至少可以追溯到 19 世纪 90 年代。当时人们邮购原材料和配件，用于生产服装和工艺品。这里需要区分两件事：虽然我们很多人都会想到数字油画，但它与分布式设计完全是两个概念。前者（以及许多工具包）有范本。如果最后呈现的成果与范本有出入，在一定程度上与原始设计者互相矛盾，就可以看作对原设计的破坏。而分布式设计的设计师会在创作过程中

①　http://mocoloco.com/ archives//003036.php。

有意保留一定的空间，让买家自由发挥创造性，赋予产品不同的生命力。

荷兰设计团队楚格设计是分布式设计的先驱者，他们探索出无需面对面交流的与客户协同设计的方法。它全盘否定了现代主义的完美设计和"设计师即科学家"的观点。正如楚格设计的领导者所说："宏篇大论已经悄然无声。现在是讲小故事的时候……不是说教故事也不宣扬普遍真理，而是通俗易懂的中篇故事。"[①] 这里我们看到楚格设计团队的负责人雷马克引用了后结构主义的观点，直接影响了德勒兹和瓜塔里的根茎理念。雷马克找到了替代现代主义的鸿篇巨著的方式。"中篇故事"交织着个人和他们自己的偏好。"do"运动是这种设计方法其中的一个例子："do"是"一个不断变化的品牌，它是什么取决于你做什么"[②]，它是与荷兰广告公司 Kestle Kramer 共同合作的一个项目。"do"品牌拥有一系列的品牌价值，尽管没有一套附着该品牌的固定产品或内容。任何人都可以使用这些品牌价值，提升自己的产品。

"do"网站明确表达这些品牌的价值：

"do"品牌正是按照一种积极的、与世界运转方式相同的方式来传播自己的理念。这种理念意味着对社会责任的颂扬、对地球的关怀、对变革的想法及对行动力的期许。另外，这种理念中也同样蕴含了你对拥有快乐生活的期盼，以及对过往生活方式略显厌恶的情绪。为什么我们仍然驾驶着只有 4 个车门的汽车，设计 20 个车门是不是更好？为什么我们不能更经济地配置，并循环使用？为什么每次洗衬衫的时候洗衣粉不能改

---

① 雷马克·范·德·赞德，2000 年。

② www.dosurf.com。

变我们衬衫的颜色，让我们的衣柜总有耳目一新的感觉？所以，有无限的可能性，我们必须做的就是行动起来做事。

"do"品牌呼吁每个人都能积极参与到挑战传统和臆断的行动中来。而且随着宣传活动的进行，他们会不由自主地感叹，"do"的确是一个依赖人们行动、意识以及创新行为的品牌，在它的理念指导下，你会有机会与地球上的其他人一起合作来创造产品、提供服务和想法。[①]

在实践中，"do"是一系列推广"do"品牌的活动，这其中就包括推广"do FC"：在公园里与几个同伴推广真正的足球运动。还有另外一种形式，"do change"为人们提供了一个交换工作（"do swap"）的论坛，交换时间长短不一（一天到一年）。

具体来看，分布式设计活动包括"do shirt"。用一件普通的但比正常T恤大10倍的白色棉T恤，邀请用户将废弃物用作服装元素或用于其他以用户为主导的项目。这些活动引导用户趣味性地参与环境保护。"do shirt"的一个建议是"do affair"（制造绯闻），邀请参与者在汽车后座用T恤搭起一顶帐篷进行私下联络。活动说明还这样介绍道，"做一件do shirt需要12人，驯服野生灰熊也不过如此"。[②]

所有的"do"活动都饱受争议，但它的确毫不设限地为用户提供了广阔的自由发挥空间。在这里，楚格设计试图通过不预先设定好目标或目的，激发用户的积极性。在这些加强用户互动的活动中，最商业化的是楚格设计和"do"联手推出的"do create"。

---

① www.dosurf.com/index2.htm。

② 同上。

在前面的章节简单介绍过，"do create"是"do"概念的重要延伸。它包括一系列产品的设计和推广，还有一个国际展览。所有"do create"所涵盖的产品几乎都可以在"do"网站买到，体现了以用户为主导的策略变化。"do hit"和"do scratch"所运用的方法异曲同工：提供一个基础产品，邀请用户在产品上打上自己的记号，将金属立方体敲击成自己想要的形状或刮掉塑料覆膜得到自己想要的背光图案。

这里提到的最后一个例子"do create"开放程度更高。"do"品牌下提供一系列原材料，如胶合板或织物。对用户活动不做任何引导，鼓励用户完全发挥自己的主观能动性，动手做东西。

正如雷马克对"do create"合作成果的评论所言：

用户赋予它们生命力。这是一次将自己的创意变成现实的体验……这种体验蕴藏在产品的内在品质中，而不是被附加于产品之上……[①]

在楚格设计的工作与"do create"的双重影响下，开放设计呼之欲出。因此，它将 Fab Lab 世界与实验设计理论团队紧密连接，其中阿基佐姆倡导建立"无数个乌托邦，有多少受众，就有多少乌托邦……而非单一的乌托邦。不是单一的文化，而是每个个体的文化"[②]。阿基佐姆认为，"对我们来说，问题已不再是努力了解人在努力追求什么样的自由，或者可能从目前的现状推测它的未来。问题变成给予人们为自己争取自由的自由。"[③]

① 雷马克，2002 年。
② 安伯斯，1972 年。
③ 同上。

"do create" 对分布式设计来说，是具有里程碑意义的实验。然而，"do create" 在商业上却是失败的，正如楚格设计的领导者雷尼·雷马克所言：

有一个项目是马蒂·古克斯（Marti Guixé）设计的刮刮灯，灯罩上覆盖了一层黑漆。设计的初衷是让人们刮掉黑漆，创作自己的图画。但这盏灯在店里摆放了七八年，也无人问津，一盏都没卖出去。

花 100 欧元买来的灯，人们不敢擅作修改。即使我们附赠了样本图纸，客户可以照猫画虎，还是没有人愿意买。只有在我们请艺术家在灯上绘画后，这个灯才开始有销路。有了这次经历，我们决定放弃这种产品。这类互动式设计似乎没有出路。[①]

当然，楚格设计提供的产品描述和状态，可能会影响客户的心理，一个比长鞋盒大不了多少的黑盒子卖 100 欧元的确也不便宜。如果产品更好处理或允许客户在设计时出错，也许就能更好地鼓励客户与产品互动。也有可能因为该项目的互动环节尚未成熟，从商店到品牌，再到给客户的价格环节都欠火候。最后，可能是因为人们需要的灯是真正具备照明功能的。这些都是刮刮灯失败的原因。

楚格设计和 "do create" 的宣传非常成功，他们的活动存有完整的记录。从某个角度来看，他们是当代设计向上一代设计孟菲斯的致敬。他们的作品反映了非常松散的、非商业化的、与众不同的设计师群体的不太激进的公共面貌。

---

① http://opendesignnow.org/index.php/article/do-it-with-droog-roel-klaassen-peter-troxler/。

分布式设计仰仗设计者和半成形的解决方案的接收方平分秋色的贡献。这意味着，即使设计师自己独立工作，总体来说，创作过程也是开放的。设计师对开放设计的贡献耐人寻味，关于专业设计师怎样参与但不主导创作过程的讨论还在继续。如果设计师想制作他们认为酷炫或新奇的东西，并希望人们为它买单，而且在他们的设计基础上进行发挥，这些还远远不够。正如楚格设计所发现的那样，原型产品还需要吸引人，令人耳目一新。

3. 开放式结构

开放式结构是指设计师搭建的无需与专业设计人员直接接触，促进创造力的结构、框架或平台。它可能是一个在线门户网站、一套原则、一个工具包或流程。这种方法有一定的优势；设计师不太可能主导创作过程。它可以帮助人们避免社会学家称之为"权威语境"（authority context）的情况——参与者尽力满足专业人士（在这种情况下是设计师）的要求，而非遵照自己的想法。它更务实地提供了多人同时使用的系统，使追求经济规模和经济活力成为现实目标。这种方式也存在一个弊端：这些建议似乎过于理想化，因为它们通常需要大量的活动，才能实现可持续发展。维基百科是这方面的有力例证，只要需求强烈且合理，社群就可以用分散式的方法开发并成就令人叹为观止的事情。

虽然当代开放式结构的许多案例都采用数字网络技术，但是我们对模拟世界的展望从荷兰艺术家兼建筑师康斯坦特·尼欧文盖（Constant Nieuwenhuys）的作品就已经开始。从 20 世纪 50 年代到 70 年代，他就提议搭建大规模创意社区的物理结构。他的"新巴比伦"构想包含了一系列新型"解放地理学"的建议，让身处其中的人们能创造自己的产品和环境。[1]

---

① 康斯坦特，1951 年。

新巴比伦是一系列模块化的建筑分区来构成的城市环境，可以在后革命时代的景观平面上无限扩展。康斯坦特称："环境首先必须是灵活的、可变的，可以包容任何运动、地点或方式的改变以及行为的转变。"[①]康斯坦特与情境主义国际组织（SI）联系密切，并且是该组织的创始成员，因此他的作品具有更广泛的意义。该组织成立与活动于1951—1972年，在其著作中明确反对各类等级制度，其中包括把设计师奉为守卫者或品位仲裁者的等级制度。

SI主张人们直接创建自己的经历、环境和情景，这与开放设计不谋而合。正如SI的创始人之一阿斯格·乔恩（Asger Jorn）所说的那样："沉睡的创作者必须被唤醒，他的清醒状态可以被称为情境主义者。"[②]他认为每个人内心都住着一位沉睡的创作者，与康斯坦特·尼欧文盖的观点相同，他理想化地认为"自由艺术家是专业的业余爱好者"[③]。

SI反对它的成员真枪实弹地创作艺术材料、产品或设计，并经常将进行创作的成员扫地出门。他们希望人人都参与创意制作，没有任何人高高在上地建立范本模型。他们认为，范例会瓦解"无限的可能性"，变成发起人默认首肯的标本，而他们关注的焦点是结构能容纳发起人不可预测的反应。

虽然理论可圈可点，但没有具体的例子作为支撑，当向别人描述创意结构时，就暴露出了问题。没有实例，很难了解提议的具体内容，但有实例，就能建立预期反应的隐式模型。这些问题也正是目前开放设计在提供创造力开放系统方面所面临的问题，但是如果你提供了一个例子，第一个人就会对参与模式做出回应，并不会在意由于首次使用这种模式，

---

① 康斯坦特，2001年。

② 萨德勒，1998年。

③ 同上。

潜在的应用方式分支可能尚未开发的问题。

到目前为止，本节提出的结构响应集中在引导市民掌控生产方式、媒体制作工具、网站、模块化房屋等方面。然而，对此有一个更根本的反应：谁去设计这些促成新型开放创新过程的结构？这促进了公民创造力及创新的问题解决方法、技术、机制和结构的设计概念的产生。在后面的案例研究中，我们将看到促导设计，或者人们之间提高创造力的互动，成为交互设计的一种新形式。

生成设计工具

生成设计工具（GDT）源自一个提议，建议创意工具的设计形成一个开放的创意平台。20 世纪 90 年代，我在英国一所大学负责开发这一项目。它采取了与康斯坦特的新巴比伦截然不同的方法。新巴比伦建议通过物理空间，解放艺术或创意活动；而 GDT 探索通过促进新型创意过程，颠覆传统的设计师与用户的关系。这相当于为非设计人员的创作实践提供了支持体系，而非简单地让这些人住在一个空旷的物理结构中。GDT 以创作新型印刷字体作为一个创意工具模型。它本身的设计感很强，非设计人员通过使用它可以激发自身蕴藏的强大创造力[1]。这一提议专门针对开放设计的工具包。

GDT 的精髓在于设计师可以提供解决问题的途径和方法，其他人可以运用这些方法来帮助他们以自己的方式设计自己的产品或服务。随着时间的推移，非设计人员可以开发并推广自己解决设计问题的方法。这类工具其中有一个叫做"形式指南"（form guide）。它让参与者指出任何一个他们认为包含好看形状的图片。这个工具将帮助学员提取这些形状，并利用它们作为他们正在设计的东西的灵感来源。设计可能与所选的图

---

[1] 克鲁克香克，1999 年。

片毫无关联，天际线可能是五斗橱的灵感来源。该工具不用于产品设计，而是为设计参与者提供行动和决策支持。还有一个与之截然不同的工具叫做"瑞士平面图"，由设计师制定瑞士平面设计原则，因为他们更加专业。它包括帮助参与者创作网格形成构图，它还会引导参与者使用无衬线字体（sans-serif）。

还有很多功能各异的工具。每一个工具都经过设计，就像字体一样，参与者会选择他们最喜欢的工具，从前使用过的工具或者知之甚少想试用一下的工具。企业客户会购买昂贵的定制工具，同时也有很多标准工具 ——部分由设计师制作，部分由学生制作，还有一部分由其他非设计人员制作 —— 可在网上免费使用。

GDT 提议具有以下几个特点。

- 使用者能够控制创意过程。他们必须用一些原创输入来启动创意过程（操作和概念上的必要条件）。
- 方法由用户可重新排列的元素组成，不同的方法可以组合，并与问题解决方法结合。
- 方法可以被用户运用于任何媒体应用程序，并用于许多不同的功能。
- 具有可以记录（以及随后运用）新设计方法的基础设施。这是 GDT 项目结论的一个重要方面。随着方法的产生以及运用对所有人开放，这可以被视为传播设计师—用户等级制度的最后一步。
- 使专业和非专业设计人员在制作、交换、使用和修改方法时，感觉同样坦然。

这就要求设计师把问题解决方法的设计视作创造性行为。接下来本书将介绍关于创意促导的案例研究中的促导设计理念和"PROUD：城堡之外"项目，它将从不同的角度进一步探讨这个问题。

GDT 将设计实践扩展到远远超出专业设计师工作范畴的领域，比如，内部办公通信或网页制作领域。从这个意义上说，20 世纪 90 年代的 GDT 项目预示了目前对开放设计的争论。GDT 的成功是基于有一群设计师有兴趣创造性地思考以及为他人开创新的流程，也是基于这些流程有市场以及有志于提高自身创造力的非设计人员。这些条件在设计教育领域，从广义上来说，在开放设计领域才刚刚开始露头。

可下载的设计

最后一个开放式结构的例子将我们再次带回楚格设计，看看当代设计正在怎样解决开放设计的问题。

与 "do" 活动为客户提供半成品不同，荷兰团队最近提出 "可下载的设计" 的概念。在 2011 年的米兰家具展中，楚格设计首次发布 "可下载的设计"，它提出搭建一个在线平台，人们可以通过这个平台交换设计说明书并在生产前修改设计方案。上传到平台的设计质量将由楚格设计控制，所以它将保证这些设计的可信度。楚格设计的幕后推手也强调这种可下载设计可能需要不同的设计方法：

挑战设计师的创造力是（可下载设计存在的）另一个原因，而且是一个非常重要的原因。设计师需要根据平台的要求调整设计流程。他们必须心中有数，在不影响赢利的前提下，知道哪些产品参数是可变的。这里我们做的不仅是要让设计师设计产品、消费者选个颜色或者图案那么简单；这早已有人做过了。我们要求设计师充分发挥创造力，为与设计互动的消费者另辟蹊径。我们还向设计师提出挑战，让他们思考怎样用自己的设计赚钱。我们要求设计师无论在免费服务还是收费服务中都要全力以赴，发挥自己的创造力。

如果设计也分为不同的层次该怎么办？例如，带有设计师签名的产品价格会更高。商业模式同样需要创新，而且这是最难的部分。正如我曾说过的，激光切割和数字网络技术给了我们灵感，但我们的关注点不能仅限于技术本身。同时我们也希望振兴工艺。

这个设想在 2011 年一经提出，就使人们大为振奋，但现在它看起来更像一个理想，而非严肃的提议。下载设计的门户网站尚处于开发阶段，到了 2013 年年底还未上线。我们将在下面一节中看到，目前已经有平台在某种程度上取而代之，但与之不同的是，上传的设计无需设计师审核。有人认为楚格的认可或楚格策划的设计是有价值的。这种先入为主说明了设计实践前沿与开放设计的主流之间的差距。那些参与开放式设计的人并不需要专业设计的肯定。

开放式结构这一节介绍了搭建设计平台，积极推动开放设计的提议。虽然方法各不相同，从城市规划，到策划平台，再到问题解决方法，但它们都有一个相同的目标：引导和支持使用平台的非设计人员的创作活动，为开放设计活动做贡献。本书介绍的 GDT 是目标最明确的平台，提供一系列结构来支持参与者发挥自身的创作力。这一系列平台解决方案代表了专业设计在与开放设计互动中所做的尝试。

对于并非建立在设计基础之上的开放设计来说，实现的方法多种多样。这里主要是给人们提供动手设计的机会，并不提供任何指导性建议，人们依靠自身的聪明才智和动力充分利用这个机会。在下一节开放通路中，我们将深入探讨这种方法。

4. 开放通路

到目前为止，本章前面介绍的实际干预措施——从 Customatix 提供的一系列设计选项到楚格设计提出的可下载的设计的质量控制——都可以看到设计师的身影。然而，越来越多的活动和服务反其道而行之。它们致力于以经济实惠的方式帮助有想法的人们（不管是不是设计师）通过一次性生产实现自己的创意。简言之，很多人都在努力向广大公众普及生产手段。

写博客，做开放设计

上述一些平台尚未脱离原型阶段，而还有一些服务商提供创意平台，每天的用户访问量达数百万人。博客服务商如 WordPress 和 Blogger（甚至 Facebook）已经先搭建了结构，帮助用户以非常简单的非技术方式建立网站。

许多博客惨淡经营，充其量只能算作爱好者杂志和地方新闻。相反，还有一些博客运作非常成功：2011 年《赫芬顿邮报》博客以 3.15 亿美元的天价售出；美国的博客德拉吉报道（www.drudgereport.com/）和英国的博客圭多·福克斯（http://order-order.com/）都具有相当的政治影响力。

如今人们会简单地认为博客是司空见惯的事情，但是像维基百科，放在 10 年前或 15 年前就是一项非常昂贵且门槛很高的服务。现在即使是一个不具备技术知识的人也可以不费一分一厘制作可正常运行的网站。

过去英国的技术学院和"夜校"会通过一些方式为普通人做设计提供支持。人们可以报名学一门技术，然后自己制作瓷器、家具或其他产品。数字化制造和快速原型设计已经大大增加了民主化与本土化制造的可能性。在过去，一个塑料部件，比方说一个马克杯，需要通过价值数十万英镑的机器复制，并耗资数万英镑制成的模具，才能生产出数千个低价的杯子。现在通过增量制造（additive manufacture）：用价值仅 1 000 英镑的 3D 打印机就可以制作一个（足够好的）马克杯。每个杯子的成本仅比批量生产的单价略高一点。

在 3D 打印技术（以及激光切割和 Arduino 电子工具包等技术）的运用者中，麻省理工学院比特与原子中心（Center for Bits and Atons）和草根发明组织名列前茅。

他们提出 Fab Lab（Fabrication Laboratory 的缩写，微观装配实验室）的概念，倡导向公众免费或以极低的价格提供数字化制造装备。Fab Lab 的基本原则是开放使用，同行学习（而非专家和初学者），并在社区分享成果。这里的分享包括拍照和展示作品，还包括分享用来制作这些作品的数字文件。

Fab Labs 关注快速制造和数字网络技术的可能性，而伯克利大学的公共创新中心网络涉猎的范围更加广泛。目前这一网络在加利福尼亚州共有 6 个 TechShop。TechShop 与 Fab Labs 的区别在于它们所提供的服务范围，以及它们提供技术课程的广度。在 2013 年的前几个月，罗利 - 达勒姆的 TechShop 开设了约 50 个课程，任何人都可以注册报名（需缴纳少量的学费）。这些课程的涉猎范围与众不同，从 Autodesk Inventor（3D 建模、模拟软件）到 Maker Bot 3D 打印，从等离子切割机的使用、丝网印刷、锻造、TIG 焊接和木碗到"缝纫工坊—美国女孩睡衣派对"！这折射出非常丰富的制作兴趣社群和自下而上的创新文化；它也证明了只有不惜重金投入基础设施和设备，才能使这一系列活动成为可能的事实。

男士工棚（Men's Sheds，在美国被称为 Men's Dens）行动属于另一种截然不同的个案，其投入资金相对较少。这些组织将已经退休或快要退休的男人聚集起来做东西，大都利用传统的木材和金属加工设备。这项行动始于澳大利亚，现已蔓延至新西兰、加拿大、美国和英国。这样做的目的是帮助离开工作环境的男人建立社群。制作什么东西由小组自行决定，但制作的东西一般用于当地社区或其他慈善用途。

开放程度介于 Fab Lab 和男人工棚之间的一个有趣的案例是英国谢菲尔德的一个名为 Access Space 的项目（http://access-space.org）。他们回收仓库中积满灰尘的或运往垃圾场途中的旧电脑，并使用 FOSS（免费开源软件）翻新。这些电脑免费提供给谢菲尔德中心的每一个访客。像 Fab Lab 一样，Access Space 倡导的精神是同行相互学习以及免费使用。对待访客，Access Space 中心也持有非常开放的态度。访客可以键入一个字母或电子邮件或创建一个网站，或一些更复杂的活动，比如进行与电子类产品相关的活动或编写 iPhone 的应用程序。

从新潮、高调的 Fab Labs 到工人阶级的男人工棚，帮助人们做出自己的东西的便利条件越来越多。在大多数情况下，它们的本意是做出的东西供个人使用。如果存在商业行为，它们就会征收不菲的设备使用费用。

还有一种可供选择的方法也为人们提供物理工具与场所，帮助其制作自己的产品。数字网络架起人和生产资料之间的桥梁，无须人们亲自动手操作机器。这使得很多人为快速制造的蓬勃发展作出贡献（并从中受益）。这些网络使原型设计、融资 / 投资、新产品生产和营销脱离了专业设计师，依然能够正常进行。这些服务和工具非常普遍，而且可在线免费获取。

用数字化语言描述你的产品对于开发新的计算机制造技术不可或缺。虽然专业的 CAD（计算机辅助设计）软件操作复杂，价格高昂，但当下已涌现出越来越多免费的替代品，主要面向普通用户，而非工程师和设计师。这些工具包括谷歌 SketchUp、Blender，其中最有趣的是 123Design 和 123Make（www.123dapp.com/design）。123Design 和

123Make 是姊妹篇软件，由计算机建模巨头之一欧特克（Autodesk）开发。它们的突出特点在于功能强大，但简单易用，从台式机到 iPad，几乎可以在所有平台上运行。

在线社区中，人们能分享并创建 123Design 模型的新版本。为了提供简单易行的建模体验，欧特克开发了一个名为 123Make 的姊妹包。有趣的是，它将 123Design 创建的数字模型转换成容易实现的格式。人们可以通过几种不同的方法来实现：将设计发送至一个 3D 打印服务商，在几天之内他们把模型的实物版本寄给你。如果你自己有 3D 打印机，直接连接到自己的机器上也非常方便。还有两种方法可供用户选择：一种方法是通过模型创建一系列的横截面，然后被切割分层并粘合在一起，做出模型的实物版本；另一种方法是构建设计的外形，就是设计被分解、铺平的外形（设计者称之为网）。这个方法也非常实用，你只需要用到普通的打印机、胶水和剪刀，就可以将外形打印出来，并折叠还原成原本的设计形状。

现实世界中的开放设计：机遇与启示

自己动手制作东西的人越来越多，同时有兴趣分享设计并从中获利的群体也在不断壮大。他们通过销售产品实物或出售数字模型，使人们可以创建原模型或在此基础上修改。

这类促进产品和产品模型交流的平台不胜枚举，其中包括围绕新产品设计，特别是体积约小于 25 cm^3 的小物件或部件的设计，这些平台催生了许多非常活跃的、互通有无的新社区。25 cm^3 是一台 3D 打印机作品的平均尺寸，但是这一数值以及产品质量正在发生日新月异的变化。

在设计师的眼里，Quirky 和 Shapeways 网站上的一些（许多）设计都不值一提。3D 打印的手铐不堪一击，都不能真正起到束缚的作用（也许这不失为一件好事）。更为严重的是，Shapeways 最近删除了下载数据库中的所有枪支组件。在美国，3D 打印是一个非常热门的话题，因为一些市民将它视为回避通过正常途径购买枪支时可能受到的实际或想象中的质疑的一种方式。分布式防御（Defense Distributed）[①]之类的组织已经建立了在线模型库，可用于制作枪支组件[②]。

　　3D 打印枪支的问题引发了人们对民主化的设计和制造的伦理含义的热议。Fab Lab 的支持者秉承的开放自由的创新能力和乐观主义正在面临挑战。有些人误读开放精神，并擅自滥用技术，与主流或自由对抗。这将是未来几年快速原型设计和数字化制造出现的主要问题之一。开放设计领域的活动也存在同样严峻的问题。对产品（或服务，比如 rayfish 鞋）的控制、责任和问责完全不到位。

　　这个问题早已不是新鲜话题。早在 1986 年，K. 埃里克·德雷克斯勒（K. Erik Dvexler）在他的重要著作《创造的发动机：纳米技术时代的到来》（*Engines of Creation：The Coming Era of Nanotechnology*）中，已经表现出对类似问题的担心。德雷克斯勒给出的解决方案是，使设计手段一律免费，但严格控制设计的生产途径。但这对开放设计并不奏效。只要能上网的人都可以获取生产途径。保罗·阿特金森（长期以来积极提倡拆除专业和业余之间的屏障）发现，当涉及重要的设计问题时，开放设计方法就会存在道德问题，当然单纯地对所有人免费其实就设计和设计质量来说都很有问题。

　　一个真实的案例是保罗和他的博士研究生与囊胞性纤维症患者群体正在进行的开放设计项目。这一患者群体希望为自己设计日常使用的辅助设备和非医疗设备。这些产品，特别是定制家具，价格相当昂贵，并接近"一辈子仅买一次"的程度，它的使用寿命长达若干年。

　　由此引发的伦理问题是：患者群体真的比这个领域的设计专家了解

[①]　www.defensedistributed.com。

[②]　www.wikiweps.org。

得更多吗？人们很容易在抽象层面相信这一点，希佩尔以及其他人的观点都是有力的佐证。对影响力相对短暂的产品设计来说，如杯子或 T 恤设计，也可以很轻松地给出肯定的答案。然而，遇到会改变个人生活条件的设计项目，不听取任何专业意见，进行完全"开放"的开放设计，这样真的合适吗？

如果这些问题根本没有明确的答案，那么问题就变成：在保持创作过程开放性和包容性的同时，我们怎么能让设计师和其他专家以专业高效的方式参与到创新过程中来？开放设计和专业设计必须找到一种高效的合作方式。

下一步

在本章中，我们已经介绍了一些专业设计对潜在的开放设计的主要回应。这包括从楚格设计新的"原型产品"到鞋子的定制化。在本章的最后一节，我们还看到，新产品的创新生态欣欣向荣。这一生态系统基于网络平台，但专业设计并不参与。就开放设计而言，最好的情况是专业设计滞后于开放设计实践，最坏的情况是二者互不相关。

总体来说，本章描绘出一幅波澜壮阔的画面：设计圈内外的先锋前仆后继，不断推出新举措，建立新企业，发布新产品，构思新理念，开放设计正在肆意生长。在本章的最后一节，我们也看到，尽管在快消品和服务娱乐领域，开放设计可以脱离专业设计蓬勃发展，但是，当开放设计涉及现实问题时，事情就变得不那么简单了。此时需要在开放设计和设计专业之间建立更加细致、有效的连接。这要求保留开放设计的自由精神和创新的开放性，同时也要重视并发挥专业设计的技能和专业知识。通过下面的案例研究，我们可以借鉴与学习专业设计和开放设计之间的新型关系。

OPEN

DESIGN

AND

INNOVATION

第二部分

开放设计案例研究

OPEN DESIGN AND INNOVATION：

Facilitating Creativity in Everyone

OPEN

DESIGN

AND

INNOVATION

第六章

| 开放设计案例研究介绍 |

这部分将介绍五个案例研究，分别从开放设计的多样性、设计师对开放设计的疑虑、开放设计教育以及新兴的"专业的开放设计师"等角度紧扣本书主题。这里不会照搬以前的著作中介绍过的开放设计案例，而是将着重介绍从未公开过的开放设计流程、技术和工具。

开放设计是新兴的活动领域，风起云涌，饱受争议，有一些根本问题会长期影响开放设计的发展。本节中的案例研究着眼于推动开放设计的流程和工具，力求从中挖掘与发现这些根本问题。采用这种方法有几个原因：现实中开放设计项目的产品或成果一般较为短暂；开发新产品的新方法不可避免地存在风险，这类企业有许多会因此遭遇滑铁卢。例如，在这本书的写作过程中，开放设计领域已有四家非常有想法的公司正在清盘，新的企业和服务同时也在不断涌现。

这种飞速变化还体现在开放设计所利用的技术上。个人制造技术和服务的激增促进了"无设计师制造"的发展。这意味着我所选择的技术作为这些案例研究的重点，可能很快就会变得过时。这里我们不关注技术或产品，而是基于前面介绍的开放设计、创新和联创的格局，重点关注以下几个主题：

- 开放设计方法的多样性；
- 在进行开放创作过程中，传统的专业设计师面临的问题；
- 设计教育的战略，如何培养新型开放设计人才；
- 新兴"开放设计师"在行动以及他们为开放设计活动注入新的活力。

这种写作方法很巧妙地避开了技术和商业模式不断更新换代的问题。这些案例研究关注开放设计活动的支持以及预示它未来发展走向的结构，与它们所采用的技术或商业模式无关。这些过程的演变和传播有利于开放设计未来的发展。

事实上，特别突出某个开放设计成果或案例，存在"明星化"个人或产品的风险。这显然与开放设计具备的分布式无等级制的整体特质并不相称。这一特质从楚格设计推出的"do create"和可下载的设计上可窥一斑。

案例研究的重点放在流程和互动上的最后一个原因是，迄今为止，所有的开放设计著作只是严格恪守传统，重点介绍设计师个人活动，如他们如何应对开放设计的挑战以及他们生产的产品；然而，从更广阔的创新实践生态学的角度介绍流程和工具对开放设计的促进作用，这类书籍少之又少。

当然，我并不是说这类书籍完全空白，也不是说专业设计对开放设计流程毫无贡献。这些流程往往由某人或某个团队（设计的）工具和技术辅助。通过开发这些工具，开放设计的最终方案都流淌着设计感。本书介绍的大多数案例研究，开放设计过程使用的工具都经过设计，但其中有一个例外就是，这些工具本身是开放设计过程的主题。

本书的案例分析介绍的项目都是在不断完善的工具和方法，帮助普通人提高创造力，而设计师并不通过掌控创意过程促进开放设计思维和活动。案例研究的具体情况千差万别，在前两个案例中即显而易见。第一个案例是 Gadgeteer，一个开源软件 – 硬件系统，一群没有经过专业培训的爱好者可以制作自己的电子产品，其中包括原型设计和应用案例。

第二个案例与其形成鲜明的对比，27 区通过一系列激发服务设计灵感的活动和干预措施进行城市政策的开放设计。这一案例展现了开放设计构思和机遇完全不同的一面。

第三个案例探讨了普通设计师尝试采取开放设计方法时所面临的挑战。它记录了受过传统艺术学校训练的优秀设计师被邀请开放他们的创意过程时，内心的纠结与紧张。

紧接着是本书的最后两个案例。其中第四个案例关注荷兰代尔夫特理工大学的改变了设计课程，培养设计专业学生成为他人创新力的促导者。然后，我们将看到一些具体的设计促导方法，设计师通过这些方法可以对开放设计项目做出积极的（但非主导性的）贡献。

最后一个案例将介绍设计师与许多利益相关者的合作方式，从而对特定的环境产生实际影响。他们之间的合作超出了共同设计的范围，因为非设计人员在制定议程以及协作设计过程中都发挥了作用，所有的参与方都有机会（和责任）进行创意输入。

这些案例研究建立在前几章介绍的开放设计格局的基础上，通过真实的案例，描述了开放设计活动的多样性、传统设计师的开放创作实践以及参与新的开放设计模式时所面临的挑战。

最后，本书展示了通过宣传和推广以"促导"（facilitation）为中心的观念，传统的设计观念已经开始改变。我们从代尔夫特理工大学的创新促导项目中可以看出端倪，我们还将看到兰开斯特的促导设计，由此作为专业设计师促导而非主导开放设计项目的途径。这次阅读之旅将带我们得出一个结论，呼唤新型开放设计师的出现——他们应既尊重开放创新能力的价值，又能将专业设计经验运用到开放设计的过程中。

案例研究 1

| .NET Gadgeteer: 开放设计平台 |

本案例研究将追溯 .NET Gadgeteer 的发展历程。它是最成功的开放设计方法之一，运用了开源软件和数字技术。使用这一平台的非专业人士能够设计、交流和制作新的照相机、机器人以及其他使用电子设备的产品。该案例研究还探讨了 Gadgeteer 中设计的作用以及对开放设计更深层的影响。

　　一些人将开放设计定义为："原本毫无关联的个体组成松散的团队协同制造手工艺品，在使用时进行个性化生产和直接的数字化制造。"[①]这一定义符合本书介绍的开放设计方法，但有一个重要的差别。本书认为数字技术不是开放设计的基本要素。有许多无需数字技术的开放设计实例，例如，18 世纪的铁铸造的发展，20 世纪 60 年代的全球工具目录。不可小觑这点差别，因为它拓宽了开放设计活动、方法和分析、跨领域工具的范畴。为了调和不分等级的创造性，数字网络技术不是必需品，以人为主导的回应更为重要。

　　这并不是说数字网络技术对开放设计无关紧要，而是表明开放设计发展的活动范围很广，包括数字网络技术。本书选择 Gadgeteer 作为开放设计平台的案例，展示创新和令人振奋的以技术为主导的实例。它与下面的案例对技术的态度截然相反，形成鲜明的对比。第二个案例 27 区所运用的开放工具和方法，使协同制定社会政策成为现实，摆脱了对数字网络技术的依赖。开放设计的成长和发展从整体来说是源自所有开放设计的创意、工具和方法之间的互相借鉴与融合，并非是要求数字网络技术成为决定性的特征。

开源与开放设计之间的冲突

　　在前几章我们已经探讨了开放设计、开源和开放创新之间的关系。在这个案例研究中，我们需要更加密切地关注开源，因为 Gadgeteer 所使用的软件大部分是开源的。

　　开源是开放设计和数字技术领域之间的一个重要的连接方式。开放源代码促进会的创始人布鲁斯·佩伦斯（Bruce Perens），认为开源软件

---

① 　阿特金森，2011 年。

具有三个关键特质。在开源的环境下，所有人都有权：

- 制作程序副本，并传播这些副本；
- 访问软件的源代码，这是更改源代码之前的一个必要步骤；
- 改进程序。[1]

在现实中，这种理念落地成为完全公开的资料库（例如，code forge 网站，www.codeforge.com）。它们既包含程序片段，也包含完整的开放源代码程序。这些程序可能会变成功能强大、成熟实用的软件产品。这方面的例证有开源操作系统如 Linux（以及 20 个左右不太知名的操作系统），安卓平台的手机应用程序，还有前面提到的建模软件 Blender 3D。

开源模型建立在个体不断更新和完善计算机代码片段的基础上。一经测试，这些模块随即可以与程序无缝集成、融为一体，并与全世界范围内的用户共享。做到这一点无需任何成本；用户只需简单地"刷新"自己的软件就能够更新。它利用了计算机代码的特殊属性——真正的模块化，新版本的传播使用成本为零。除了数字媒体以外，模块化缺失和共享以及采用新版本会产生可观的物流和材料成本，导致开放源代码无法直接转变为开放设计。我们需要超越开源的开放设计的替代品。

除了逻辑计算，在大多数情况下软件会进行有明确标准的高度理性活动（例如，执行特定操作）。这些标准易于交流评价，使评估个人对项目的贡献并集成为较大的项目成为可能，它与开源异曲同工。而设计很少具有这类明确的标准。个人凭主观参与定义不清的（棘手）问题，几乎不可能将多样化的设计方案整合到一起。例如，众包版的《星球大战》非常有趣，但即使对内容进行了非常严格的定义（从电影中节选了十几秒的情节），最后呈现的成片也无法吸引人从头看到尾。

---

① 佩伦斯，2008 年。

这让我们看到开放源代码和开放设计之间的第二个冲突。编写开源代码是一个非常专业化的活动，需要扎实的专业技能。开源编程不是随便一个计算机用户就能做到的。这与开放设计截然不同。后者的关注点在于帮助非常广泛的人群发挥个人特长，为开放设计做贡献，而不是要求他们成为专业设计师的影子。

开源是给出一个定义非常明确的技术语言，让很多人共同为之努力；开放设计是帮助人们用自己的创意语言参与设计。

Gadgeteer 被选为案例的原因在于它是一个采用开源方式的数字化平台，而且还直接解决了将开源方法转化为开放设计的两个关键问题。Gadgeteer 积极鼓励非专业人士的参与，并引导学生、业余爱好者和设计师为平台做贡献。还有一点值得注意的是，它不仅关注编程，还关注编程和普通用户产品的实际生产之间的紧密结合。

硬件制造商（例如，电子线路板、传感器、执行器、电机）和 Gadgeteer 平台用户之间的对话也非常活跃。如果硬件公司感到社区有需求，就会生产新的硬件。通常始于有人产生新的构想，在公司和 Gadgeteer 社区表达他的想法。这种模式使 Gadgeteer 实现了社区驱动型增长，财务上可自我维系，且不受任何结构或等级制度的控制。

.NET Gadgeteer 是什么

Gadgeteer（或者更正式的叫法为 .NET Gadgeteer）是由位于英国剑桥的微软研究院开发的硬件 / 软件 / 产品系统。该系统使小型计算机（比套装还小）可以很容易地连接到其他各种设备上，如照相机、存储设备甚至电机和执行器，无需焊接组件、高超的编程或硬件设计技术。这些组件通过插件带状电缆连接，可以自由组合。在实践中，使用该系统的初学者可以用 10 行左右的计算机代码，在 25 分钟之内创建一个正常使用的 MP3 播放器。进行其他项目如制作相对简易的数码照相机要花费略长的时间。

虽然历史上不乏支持非专家创建电子项目的系统（确实早在 20 世纪 70 年代第一台苹果电脑就以工具包的形式出售），但时间更接近现代的模型是 Arduino。它是相对人性化的电子工具包，基于传感器以及可以通过基线板相互连接的其他组件。掌握电子学基础知识的人就可以用它创建工作项目。Gadgeteer 与 Arduino 的区别表现为两个关键特性。

首先，Gadgeteer 和 Arduino 的进入门槛很低（很容易快速完成简单的任务）。但与 Arduino 不同，用 Gadgeteer 创建项目的天花板非常高。

因为 .NET 是一种非常发达的编程语言，它可以使用比较强大的硬件。.NET 用户可以制作非常复杂和高级的东西，比如，可以在房子周围找路的机器人。

Gadgeteer 的第二个特点与开放设计尤其相关。除了硬件（例如，电路板、传感器、硬盘驱动器）和软件，Gadgeteer 还有一系列 CAD 计算机文件，用于描述承载或包装电路板及其他软件的外壳。在某些情况下，它是打印出来的平面图并用纸板折出的盒子，或者可能是发送到 3D 打印机上的数字文件，做成塑料箱子。有了外壳后，它们在外形上更容易辨认，成为较常见的产品。

平台提供的文件用于创建产品的包装，保护 Gadgeteer 硬件，满足日常使用的需要。该文件还允许用户使用 2D 或 3D 编写包，改变产品的操作和外观，满足该项目的特殊需要。然后用户可以将这些文件发送至网上不计其数的 3D 打印社中的一家，或 Fab Lab 之类的机构，快速制作出硬塑料壳，用于容纳项目所需的硬件。Gadgeteer 帮助人们制造电子产品。

开放设计平台：Gadgeteer

Gadgeteer 对我们如何看待新产品开发和设计产生了深远的影响。它在这一领域独树一帜：人们可以轻松地创建类似于（并有可能超越）传统设计的专属于自己的电子产品，如摄像机、安全系统或玩具。Gadgeteer 绕开研发 – 设计师 – 工程师 – 工厂传统的新产品开发过程，并且彻底颠覆了设计师的作用。目前 Gadgeteer 最为关注的软件和电子产品的物理方面的开发已经看不到专业设计师的身影了。在后面的内容里，我们将看到这已经影响到了 Gadgeteer 开发对产品设计的支持力度，无论是在平台方面，还是在对平台用户做产品的支持方面。

为了理解为什么在 Gadgeteer 开发和 Gadgeteer 平台支持优秀设计这两个方面的投入有限，我们需要追溯到平台的起源。尼克·维拉斯博士（Nick Villas）是 Gadgeteer 的主要开发者之一。他在一次采访中提到该项目源于他在兰卡斯特大学（Lancaster University）攻读博士学位时的 VoodooIO 项目：

这个项目的设想是将物理界面作为延展性材料，可以自由定形或调整，而非采用形式或用途提前固化的设备。这样做的目的是克服障碍，降低用户使用硬件界面的难度，使它像图形用户界面（以及软件应用程序）一样简单易用，模糊界面开发人员、交互设计师和最终用户之间的界限。[①]

尼克·维拉斯博士搬到剑桥，加入微软计算机中介生活组织（Computer Mediated Living Group）下属的传感器设备组，他发现那里的

---

① http://eis.comp.lancs.ac.uk/?id=11/。

同事经常为项目构建软件、电子/物理原型。即便具有很高的专业技术水平，这仍是一个费时的工作，并且需要大量的重复学习，因为研究人员都要解决同样的问题：采购所需的电子元件并将它们彼此连接。

基于 VoodooIO 以及研究实验室的集体经验，Gadgeteer 应运而生。最初，它只是微软内部的研究工具，但微软以外的人发现这个工具后，对软件副本、模板和硬件规格的需求不断高涨。正逢一个适当的时机，Gadgeteer 使用的平台 .NET Micro 刚刚经历了转型并取得了出人意料的成果。.NET 这一软件平台历史悠久，设计初衷是用于资源有限的设备，如个人数码助理（PDA），并在全世界范围内拥有广泛的开发者基础。Gadgetee 运用了 .NET Micro 的子集。它可以在计算能力较弱的设备上运行。

较大的 .NET 平台的商业表现欠佳。微软果断地放弃了从中赢利（公司需为安装 .NET 的每一台设备支付少量的许可费），并将它作为开源。尼克·维拉斯说道："开始时我们认为，'哦，不！情况不妙。我曾指望它唾手可得，现在它却遥不可及。'"其实商业模式的变化以及许可费的取消使这个软件焕发出了新的生命力。成为免费的开放平台后，.NET 平台开始蓬勃发展。

有了 .NET 的成功经验，探索 Gadgeteer 开源并向公众免费开放的可能性似乎水到渠成。但 .NET 的成功是偶然的，因为研究实验室知道这绝不是微软销售们欢迎的事情。对于研究实验室来说他们也对为他人制造工具包毫无兴趣。这造成的结果是围绕 Gadgeteer 形成了一个非常健康的社区，一些论坛一年约发表 18 000 个帖子。尼克指出大概有三类用户使用 Gadgeteer 系统，还有就是开发推广技术的公司，甚至帮助用户开发以及商业化自己模块的公司。

第一类用户是业余爱好者，"Arduino 人群"。他们精通软件方面的知识，但开发硬件的经验不足。对他们来说，关键在于有足够数量和种类的模块供他们做项目时使用。他们利用传感器和执行器的 Arduino 模型，通常进行诸如"智能"防盗警报器或打印机（tweet printer）之类的项目。目前在市面上有 80 个模块，包括摄像头、按键、摇杆、执行器、USB 和以太网接口、GPS、指南针以及 RFID 阅读器。

第二类用户群体对软件和硬件建立的基本原则更为严谨。他们的兴趣点在于突破当前技术可能性的限制，并开发自己的模块，扩展平台实现的功能。这类用户的项目所运用的技术更先进，对自己或他人开发新硬件、软件的要求更高。这些项目包括无线控制机器人或基于网络的血氧计（一种用于测量血液中氧气水平的装置）。这一用户群体大部分与电路板和其他拓展 Gadgeteer 可能性的硬件制造商具有密切的关系。

第三类用户群体对创造性探索更感兴趣，他们主要是由设计师构成。他们感兴趣的是 Gadgeteer 系统如何能够让他们灵活地创建新的真正可以使用的设计原型。正如尼克所说：

只要改变模块的排列方式，比如相机面向与显示器一致的方向或相反的方向，就可以完全改变该对象的用途，如成为外置设备或是数码相机，就可以自拍或为别人拍照。因此，只要能够玩转感应器的排列组合，将按钮换成开关等诸如此类的操作，用户就能够经历不一样的体验。

这类用户的兴趣点在于产品和用户之间的关系，以及挑战正常操作模式，使用 Gadgeteer 制作颠覆现有产品的可行性原型。

显然，由此产生的一个有趣的结果就是这些用户开始合作，并随着时间的推移变成"Gadgeteer 原住民"。无论是个人用户还是集体用户都能够自如地穿梭于硬件、软件和外形元素之间。

物理设计和 Gadgeteer

Gadgeteer 在使用硬件、软件进行产品的实际生产方面出类拔萃。然而，它的物理包装和外壳设计状况与技术水平不可同日而语。这在 Gadgeteer 文档支持方面显而易见。Gadgeteer.codeplex.com 免费提供这些文件，其中有两个特别重要的文件，尼克·维拉斯解释道：

一个是模块搭建指南，另一个是软件主要指南。它们的基本内容是用处理器制作模块或制作其他一些软件时，你应该思考的问题。使用这些特别的连接器，用特定的方式为它们贴上标签，用这种方式将处理器的槽连接到插座上，提供这些模板的软件库，然后，如果操作正确，这些网络就能与大多数现有模块兼容。

如果你想做一个前所未有的模块并让它与 Gadgeteer 兼容，可以遵照模块搭建指南，做这个或那个尺寸的电路板，在边角处打这个尺寸的孔，以这种方式为它们贴上标签，这样一来，人们都会知道它与 Gadgeteer 兼容，之后再给它布线，这样便可进行连接。

没有一个相应的指南明确 Gadgeteer 项目外壳的物理设计和 CAD 模型。当被问及是否有相应的文档说明 Gadgeteer 外壳或盒子的物理设计，或者有没有文档说明 CAD 模型的兼容条件时，尼克·维拉斯回应道：

从标准化的角度看，这也许是最棘手的问题。因为 Gadgeteer 世界并不天然从属于硬件生产和销售的世界，硬件生产销售商们也从来没有将它看做是商业模式的一部分。

因此我们可以轻松地告诉他们这是机械问题，我们与他们也能交流有关驱动器应该是什么样的之类的问题。但是设计正如它的价值一样，是最难沟通的部分。这里几乎不存在严格的设计指南。大多数 3D 设计指南的内容都围绕机械设计层面展开。假设你设计了一个电路板，你能在说明书中找到将它集成到 3D 打印机中所需的一切东西，比如，安装孔以及各种尺寸大小。然后通过某种必要的方式，提供电路板的 3D 模型。

尼克继续解释说，他们已经尝试编写 Solid Works（一个专业的 3D 建模软件）的扩展程序，目的是自动生产组装式或"扣合式"盒子。这向他们提出了一个巨大的挑战，他说：

但是，真的到了组装东西的时候，你就会发现你无法将部件装到那个对的位置上；或者如果这些东西要用小螺丝组装，而你没有合适的螺丝刀，那就根本没有办法将螺丝拿起来装到那个地方上去。

这类显而易见的问题，设计师似乎就可以游刃有余地解决（制造系统设计主要解决这些问题），但事实证明，如果没有三维设计背景，解决这些问题难上加难。尼克说：

这仍然是一个开放性的研究课题。我觉得我们已经用Gadgeteer 将所有七零八碎的东西都整合在一起了，但是现在大约有 80 个不同的模块，大多数模块都有一个相对应的 3D模型和软件驱动程序。问题在于整合这些模块的工具跟不上它们的发展。

这反映出计算机科学和项目的技术研究根基，同时也向创建设计说明书提出了更大的问题。构建新模块的说明书文档共有 45 页，说明了与Gadgeteer 硬件、软件系统共同运行时对新模块的需求。这些指南涉及的内容从确保用户使用正确的连接器使模块带有 USB 接口的表格到介绍专业硬件开发者常规操作的一般性建议。通常，它只是介绍很简单的事项，比如，如何为组件贴标签：用 Ø 而不用普通的 0（零），因为它很容易跟字母 "O" 混淆。

推测创建外壳 CAD 图纸相应的指南文件涉及哪些内容，是一件非常有趣的事情。它可能提出技术要求，说明外壳适用于模块所需的技术支持，并会提供建模包的使用建议，如 Solid Works、123Design、Blender 或Google Sketchup。它可能还包括外壳设计的建议，不仅停留在材料性能与原型制作方面，还会建议如何制作有趣、优雅、新颖的外壳。所以它并不仅仅是保护组件的附属品。目前 Gadgeteer 正在努力解决这方面的问题。

Gadgeteer 的物理设计水平低体现在微软对外壳问题的处理上面。事实上，Gadgeteer 开发者非但没有帮助人们用创新性思维思考 Gadgeteer外壳组件的问题，他们还在平台设计中努力回避了这个问题。Gadgeteer开发了 "专家系统"，（在未来）自动为用户创建外壳。

曼弗雷德·刘（Manfred Lau）的工作是外壳设计自动化的一个很好

例证。他开发的 SketchChair 软件可在线免费下载 ^①。SketchChair 是一个在线工具，使用这一软件手绘的线条被转化成椅子的侧面轮廓，然后加上椅子腿，变成了一把完整的椅子。通过增加截面部分（就像屋顶的托梁或机翼的肋拱），可以在纸上打印部件，并动手或用激光切割器切出它们的形状。

这个软件的表现相当引人注目。它简单易用，效果好，甚至可以让一个虚拟的人坐在椅子上面测试它是否稳固。

Gadgeteer 之外

这里并非是要批判 Gadgeteer 团队采用的方法，或像曼弗雷德·刘这类人的工作，实际上是要肯定他们的工作。然而，问题是要注意系统对待软硬件与 CAD／外壳组件之间的方法存在分歧。前者关注提供结构的基本原则和详细说明，确保与 Gadgeteer "世界"其他部分互换性的同时，鼓励探索和创新。外壳（或制作外壳的文件）被区别看待，或多或少地被当做事后再考虑的部分。其目的是要解决问题，而不是以促进创新的方式定义问题范围。到目前为止，来自典型项目的证据表明^②这种偏见不利于项目的发展。大多数情况下，人们都只是大度地要求外壳具有功能性即可，无需美观性；但更重要的是 Gadgeteer 系统的非数字组件因此错失良机，无法超越电子组件容器的这一定位。

设计希望被重视与开放设计的漫不经心之间的张力，代表了开放设计广泛存在的一些问题。Gadgeteer 被选为案例来研究，是因为它在许多方面完美地呈现了开放设计的本来面貌：

---

① http://www.designinterface.jp/en/projects/sketchchair/。

② http://www.netmf.com/gadgeteer/。

- 它是一个不断发展的开放系统，参与者可以参与系统建设，也可以使用系统；
- 它提供支持框架，同时保持创新自由；
- 它提供一个自给自足、分散管理的创造性创新系统。

Gadgeteer 中专业设计的贡献可以忽略不计，随着系统的发展，对专业设计的需求逐渐减弱（实际上系统设计时有意规避了这一块内容）。这本身不是一个问题，也不会损害 Gadgeteer，但它提出了一个问题：除了对开放设计做出非常技术性的贡献以外，专业设计还有作用吗？这在很大程度上仍是一个悬而未决的问题，但答案几乎是肯定的……但也因情况而异。开放设计的方法、流程、生态系统不止一个，而是根据情境，突发产生形式各异的动态化的流程、方法、阶段。在看过大部分案例研究后，我们将重新回到这个问题：专业设计师如何参与而不支配开放创新的过程？

抛开混合创意经济的思想，热衷于开放设计的设计师内部也有一种张力。虽然他们认为，开放设计是一种松散的设计，专业设计在大多数领域仍处于关键地位，但是 Gadgeteer 却是个反例，它表明开放设计中专业设计没有得到充分的体现（或认真对待）。这会损害更广泛的开放设计社区（尤其是 Gadgeteer）。设计和设计师肩负着积极参与 Gadgeteer 之类的项目以及证明自身价值的责任，而非主观臆断没有设计输入开放设计将面临穷途末路。

Gadgeteer 是利用开源软件和数字技术的潜力来开放设计平台的典型范例。下面的案例超越了以技术为本的视角，探索了各种开放设计方法。它们采取更加以人为本的方式，展现了创新过程同人与人之间、专业设计人员和非专业设计人员内部、外部、之间的互动。技术主导的方法已经过时，因为人的因素尚未成熟，创新理论中不乏这样的事例。例如，广为传播的微型切口手术延迟 15 年面世。所以这么说不无道理，同时推动和促进开放设计创新过程的是架起新的社会和技术可能性之间的桥梁的事物。

案例研究 2

| 27 区和公共服务的开放设计 |

开放设计的成功事实上并不依赖于数字网络技术。27 区的案例证实了这一点，也提出了一个完全不同的看待开放设计的角度。27区已探索出共同设计公共政策的方法。它也建立了一系列运用开放创新流程的公共政策设计中心。在 27 区的推动下，这些中心的设计和所运用的工具技术的设计由公务员主导并在各个中心之间开展交流。

在上一个案例研究中，我们了解了最有趣的支持产品开放设计的系统之一。Gadgeteer 是一个以技术为主导的平台，通过这一平台，业余爱好者可以运用自己掌握的编程或硬件技术方面的知识，制作数字－实物产品。现在介绍的 27 区的案例研究探讨了开放设计世界的另一个截然不同的维度。根据孔恩[①]的理论，它属于完全不同的框架，无法简单地将其与其他案例研究做比较。请你认真思考 27 区采用的方法以及它是怎样引发的：

- 开放设计过程的发展，设计师参与其中，并不主导公共政策的协同设计；
- 公务员亲自设计自己的开放设计工具，帮助他们与所在区域的人以创新式的方法合作。

开放设计面临着非常严峻的挑战。27 区所运用的方法以及他们的领导斯特凡·文森特（Stephane Vincent）展现的做事风格反映了区域政策的开放设计过程所尝试的不同的创新方式以及所采用的独特视角。

27 区成立于 2007 年，是"下一代互联网基金会"（Next Generation Internet Foundation）众多项目中的一个。它致力于用信息技术改变社会。2012 年 1 月，27 区成为非政府组织，共有 7 名员工，包括服务设计师，同时与 40 位专业人士保持不定期的合作。他们其中有些人是服务设计师或社会设计师，还有一些人是社会学家或人类学家、参与型设计师、记者和喜剧演员。

目前 27 区的资金来源是代表法国 26 个区域的法国国立区域协会，名为法国发展银行（Caisse des Dépôts）的公共银行和欧洲行动（Europ'Act）欧盟项目。它们提供资金的动机是欧盟委员会内部认为法国各区域过于专注技术创新，而忽略了包括社会创新和组织创新在内的

---

① Thomas S.Kuhn 孔恩（1922—1996 年）是科学史学家与科学哲学家。——译者注

其他领域。

27 区的负责人是斯蒂芬·文森特。他认为政策的协同设计并非意味着思考某个特定城市空间的干预措施，而是共同制定适用于同一区域内多个城市的政策和干预措施。整个欧洲大陆的高度重视 27 区项目，但它的实施只限于法国本土范围并且很少用英语进行宣传。它的工作当然需要英语世界的更多关注。

27 区所推出的措施相当有趣，并且在多个方面与开放设计高度相关。斯蒂芬·文森特提出协同参与和开放创新过程的见解，与开放设计形成了有力的互补。更广义来说，27 区开创性地转变了公民的角色，从被动接受者变成了积极合作者。通过让一部分人扮演服务设计师的角色，让其他人扮演"友好黑客"的角色，实现了这种转变。这三项活动与最后两个案例研究介绍的开放设计和促导设计平行。

我们在下文中将发现此项目与开放设计的联系更加明晰，特别是在建立实验室（物理空间）方面，以此帮助地区政府的公务员与民众互动的方式更加富有创新力。此外，处于这些空间的公务员都开始创建自己的工具和流程，自主提高创新潜力。这出于非专业设计的创造力—— 自主更新开放设计的两大基本元素：创造力和创新。

把这个案例直接放在更为直白的 Gadgeteer 后面，也是出于趣味性。二者属于两种截然不同的开放设计活动；对其中一个案例熟悉的读者可能对另一个闻所未闻。因此，人们会觉得开放设计有一定的不确定性或不稳定性。大致翻阅本书，你就会发现不稳定的元素对于成功的新想法的涌现往往是必不可少的，所以对这些案例一视同仁具有战略性的意义。除了展现了以技术为中心的开放设计的发展模型之外，还展现了开放创新的别有洞天。

27 区的方法

27 区项目追求突破技术框架的创新模型，由此衍生了一些非常有趣的参与方法。正如斯蒂芬所解释的：

比如，我们与经营"论坛剧场"的公司合作。它是发源于南美洲的一种剧场传统，属于"被压迫剧场"的一种。这类剧场强调被压迫者的处境，起源于独裁者统治时期，但现在的压迫者已转为政府和制度。这是非常行之有效的表演方式，我们可以扮演坏人或演喜剧。剧场里没有观众，喜剧演员和观众都参与表演。目前我们有一个项目，目标是改变机关单位和年轻人之间的关系及相互的看法。我们尝试采用论坛剧场的方法。

这种以人为本的激发创造力的方法与传统的设计方法截然不同。从根本上来看，它采用的方法随着法国政治和文化格局的变迁而发生了改变。斯蒂芬采用英国公共部门绝不会启用的方法：

公共部门的老式文化诞生于撒切尔和里根时期的新公共管理，它已经走到了尽头。现在仍采用量化、会计式的目标，这本身无可厚非，我们也需要这样的目标，但是这与公共部门定性的长期目标之间没有达到平衡。你不可能仅仅用钱就能管理公共部门。花最少的钱，办更多、更好的事。这需要人们探索提高实际质量的办法，怎样与不同的人打交道，并改善我们现在的问题——目标过多地关注于新的公共管理事务。而且我们假设这个目标已是各个公共部门的共同目标。

27 区另辟蹊径，将这些希望转化为实际的变化。它依赖于原型设计，体验式学习和示范，设计"意味"十足，斯蒂芬说：

27 区的愿景是"我们如何改变管理文化，改变公共部门的运转方式？"所以，我们的目标，我们的做事方法并不是像智囊团一样只是发布一份报告，而是要重点考虑那些看不见的——公共部门的隐性流程。

事实上，斯蒂芬形容 27 区是行动团（do tank），而不是智囊团。

这种做法与 20 世纪 70、80 年代在巴黎贫困地区工作的社会学家米歇尔·德塞都（Michel de Certeaw）的著作遥相呼应。在他的著作《日常生活实践》（*The Pratice of Everyday Life*）与《居住与烹饪》（*Living and Cooking*）中，德塞都团队试图逃脱现代主义（结构主义）施行的"统计暴政"，找寻隐形的关系。在 27 区项目中，斯蒂芬更加全面地诠释了这一点：

我们的想法是："在看不见的事情上动脑筋，看不见的事情才有意思。"看不见的是决策方式，这些人是如何见面的？两个会议的间隔发生了什么？他们使用什么工具？因此，我们要发现的是"怎样"，而不是"什么"，要了解他们怎样工作。

这呼应了根茎理论，并在探索问题方面，摆脱了理性主义的等级制度，更强调人性化，去精英化。

27 区面临的挑战

针对这些问题，斯蒂芬·文森特指出了项目面对的一些挑战。这个案例的有趣之处在于，在制定政策的表面下，这些问题与开放设计活动中的专业设计高度相关。例如，其中一个问题是："正视和解决公共服务提供者的同质化问题。"斯蒂芬指的是法国大学都在不遗余力地培养下一代公务员成为循规蹈矩的精英。

我们已经看到，这种趋同在一定程度上也适用于专业设计师，甚至那些对开放设计问题敏感的设计师，比如楚格设计。许多人仍然故步自封地认为设计师是项目创新的源泉，并且认为设计师的"签名"奇货可居。在后面的案例中，我们将看到在实践中代尔夫特理工大学如何设计教育的新举措，解决同质化问题。

27 区面临的五大挑战是：

- 从研究转变为先行动再研究；
- 改变政策与人之间的关系；
- 拒绝最佳实践，掌握从错误中学习的能力；
- 正视并解决公共服务提供者的同质化问题；
- 通过"友好黑客"颠覆传统咨询方式。

1. 从研究转变为先行动再研究

公共服务领域不乏做研究和写报道的人，但人们对这些报告的有效性打一个大大的问号。正如斯蒂芬所言：

我们说的第一句话是："好了，我们无法从研究调查中了解更多的情况。"有必要进行调查研究，但我们需要将其转变为行动研究。先行动，测试，原型设计，然后再改进。既然

OPEN
DESIGN
AND
INNOVATION

开放设计与创新

我们递交的报告、文章都没有人看，这种工作方式就存在很大的问题，为什么我们不做原型，为什么我们不做测试。

为了实现这一目标，27区运用的基础方法是引导测试政策工具（pilot-testing policy tools），让政策制定者加入共同设计的过程，参与实际的原型设计，并扩大它的影响力。

研究开放设计时最值得注意的事情之一是这个领域的想法，尤其是有多少设计师的想法只属于建议或愿望，而无法付诸实践。就目前公布的开放设计活动来说，鲜少包含在自然环境下使用工具或运用方法的真实的人。楚格的可下载设计就是一个很好的例证，它影射了开放设计活动存在的两个问题。第一个问题是构想开放系统和流程远远比实现构想容易。实现构想往往需要（在大多数情况下）设计中不存在的不同技能和资质。第二个问题是设计师习惯于交出成品，而不是突发的、未完成的解决方案。设计师需要有勇气放手原型设计，即使它们没有达到预期的效果（这是一个伟大的结果），甚至需要欣然接受原型失败的结果。实际上，设计师一般都无法独自测试开放设计的原型，却经常执意如此。

2. 改变政策与人之间的关系

斯蒂芬这样描述这个问题：

在公共部门，每个人谈话中都会提到人、用户，但没有人真正用这种方式工作。原来我当顾问时，可以花两个小时在用户身上；对于一些用户，并不是所有用户，如果是我想认真对待的案子，我需要花一到两天的时间与他共处。所以，我们的理念不是与人老死不相往来，而是要与人相处，在这一进程中推动民族志的方法。

3. 拒绝最佳实践

追求最佳做法的问题在于，通常很难明确地判断事情成功的原因是什么。成功往往只是关注好的结果，但可移植的经验需要更多地关注事情的发展过程。针对这一情况，27 区有意识地尝试去探索自身和其他活动有哪些地方出了问题。

我们反对最佳实践，我们需要知晓项目的阴暗面，除了故事的结局，我们需要了解过程。发生了什么？他们是怎么开始的？两年前项目开始时，他们做了什么？他们在项目进程的不同阶段都是怎么做的？

了解最差实践并从中吸取教训，需要一定程度的反思，也需要足够强大的内心，仔细审视项目的痛处，而非快乐的事。

这与传统的设计流程完全如出一辙，特别是在设计教育方面。这里介绍的批判传统的做法包括将项目的优势搁置一旁，同行对等检查项目的薄弱环节。27 区的策略是对失败持开放态度。那么问题来了：什么是它所定义的失败？为了解答这一问题，斯蒂芬·文森特列举了几个失败的例子：

第一是当选的官员参与度低。普遍来看，当选的官员对项目的参与度没有达到可观的水平。造成这种现象的原因可能是多数官员都只是关注"寻找解决方案"，而我们提倡"重新定义问题"。我们可以通过举办新型会议，提高他们的参与度。比如，举办"战情室"（war room）会谈，由一位官员向跨学科团队提出一个问题，在三四个小时内集中展开讨论。

第二是低估系统参与者的作用。2010 年，我们与香槟阿登区政府在一所学校进行了一个实验。学校校长对小道消息深信不疑：我们的角色就是代表区政府来评估学校的战略的。于是，从一开始他就非常不信任我们。最后，他承认自己错了，但为时已晚，项目的结果完全不尽如人意。如果我们忽略与所有参与者的现存关系，我们必定会遭遇失败……

第三是忽略跨学科的复杂性。我们在执行法国南部的一个项目时碰到了一个问题。我们团队中的设计师和社会学家产生了冲突。我们过分低估了跨学科所需的磨合以及磨合的时间。

当编排或策划开放设计流程时，这些是高度相关的：与参与者建立真正的连接并对他们的议程做出回应。这向开放设计提出了一个关键的要求：无论领域和范围，要广泛接受愿意参与开放设计的人，投入大量资源促进世界观迥异的参与者建立共识。

4. 公共服务提供者趋于同质化，这种现象在法国尤为明显

斯蒂芬认为：

他们看起来都一样，顾问看起来像公务员，他们都毕业于同一所学校、高中、公立学校、商业学校。公共部门有很多专家，但他们都具有相同的文化背景。我们努力为公共部门引入新的文化——社会学家、设计师，甚至还有被服务者自身的文化。所以如何在专家的知识面前更多地考虑用户的知识？

在当今的医学界，如果医生不理解他的病人使用网上医疗或自主药物治疗的方式，他 / 她就无法工作。如何看待这

类知识，并让这些文化共同发挥作用？没有一种文化高于其他文化，这些不同文化背景的人一起工作，围着桌子坐下来一起比较、组合各自不同的文化。促成社会学家、设计师和公务员通力合作是非常艰难的一项任务，但我认为这些人的携手是成功的关键。

5.27 区试图转变传统的咨询方式

这样做的目的是在这一过程中建立人与人之间全新的、更有活力的、出人意料的和富有成效的关系。这就好比"友好的黑客行为"，在获得许可和授权的前提下，干预措施对项目产生影响。

"找内部机构做更好，还是找外部机构做更好？我们的建议是找到一个折中的办法，一部分放在内部机构做，另一部分放在外部机构做。"斯蒂芬说。

我们尝试在与区域合作的研究项目中应用这些原则。我们推出的第一个研究项目叫做"Territoires en Résidences"，时间为 2009 年至 2010 年。当时项目的构想是测试协议和方法。我们在不同的地方做了 12 次测试，检查它是否健全，是否稳定。对农村、城市、技术水平较低的项目、高新技术项目、组织或农村地区的核心业务，都进行了测试。

"友好黑客行为"非常恰当地隐喻了专业设计人士在开放设计中富有成效的作用。它指的是专业设计人士投身于一个新领域并为相关的系统提供支持，然后善意地破坏这些系统以及支撑它们的各种假设。

将想法付诸行动

27区推出的第一大系列干预措施，其协议内容非常简单：

由4个人组成跨学科团队。

人员来自基层、学校、村庄、当地政府、小区、医院以及开始制定政策时涉及的单位；在很短的时间内，围绕一个非常简单的主题展开，比如农村的医生流失；在三个人种志周里完全投入项目，比如，睡在学校里。我们和所有的利益相关者都签订合同。

虽然这些项目的内容针对个别活动，但涉及的流程却是可转移的，并通过知识共享的方式对外公开（主要是法语）。意图在于将这些干预措施作为"微型实验室"，解决更广泛的问题。我们的目的不是要专门针对一所学校，改善它的伙食，而是围绕学校的伙食，设计原型政策，可以应用于一个区域内的数百所学校。这属于27区承担的典型项目类型。虽然27区涉及一些城市项目，但它的重点在于区域内的农村地区。例如，斯蒂芬介绍了一个农村卫生项目：

这个项目非常有趣。在法国中部地区奥弗涅区开展，这个地方是特别典型的农村地区。他们曾推出一个项目，寻求我们支持当地的健康住宅工程，他们也不清楚项目失败的原因。于是，我们重新启动了项目，过了几天，我们发现问题出在撰写项目的医生身上。医生认为自己是建筑师或设计师，这是行不通的。因为医生会用非常医学的视角看待建筑，这就是我们与

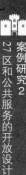

案例研究2
27区和公共服务的开放设计

专家合作时出现的问题。因此我们建立了医生与病人的合作机制，开拓了医生的视野范围。这是个有趣的项目。

这个项目证明了采取完全开放的态度，邀请专业人士跨界进入设计领域，只能获取有限的成功。在这里，设计师、社会学家和其他专业人士与医学专家携手制定新的"框架"，而不是要求某人从医学框架出发进行设计。

27 区也参与了数字化项目。斯蒂芬特别介绍了法国西南部波尔多附近的一个项目：

一天早上，市长打开电视看到一个人在唱歌。这个人是本市人，并且他的歌高居歌曲排行榜前列，但市长并不认识他，他也没想明白其中的原因。后来市长发现这个人是将自己的歌上传到博客上而出名的。市长说："看来，这个城市里正在发生一些我们看不到的事情。"因此我们的作用就是让身边的数字网络生活显现出来。首先负责工具的团队呈现出隐藏在网络中所发生的事情。其次是使用所有内容，使博客中发生的所有事情与现实产生关联。这也是个非常有趣的项目。

做这个项目就像设计家具，斯蒂芬接着说："你可以通过博客了解这个城市正在发生什么。项目人员努力斡旋网页、博客、网络世界与现实之间的关系，这是一个非常有趣的项目。"

27 区在土伦附近进行了一个对比项目，由此可见它不走寻常路。土伦的失业率高达 42%，有一个项目提议建立 IT 之家，可以容纳 20 人上网。正如斯蒂芬表示的，这算不上真正的创新建议：

法国已经有 4 000 个这样的地方了。这非常有趣，因为我觉得它已非常发达，已经取代了就业办公室。人们认为就业办公室一团糟，大多数办公室都不能提供制作简历的方法，也不能帮你用互联网找工作。

现在的问题是数字网络鸿沟在法国并不是关键问题。27 区面临的挑战是为 IT 之家找到未来合适的定位。区政府表示：

想摸索这个场所的未来发展方向。我们在其中的一个 IT 之家工作，与人们合作，他们设计了四个方案。第一个方案是他们变为全新的就业办公室，取代官方办公室。还有一个有意思的想法，人们表示，"十年后人们大脑中充斥着数字化的东西。"因此我们需要将这个地方转变为数字健康办公室，人们可以在这里看心理医生。这个方案的有趣之处在于随着计算机与网络的全面普及，它将转化这个推崇 IT 的场所成为学习如何离开 IT 正常生活的场所。

这些项目（以及许多其他项目）被用来测试干预措施涉及的方法、团队和流程。项目在结束后 6 个月的时间内进行评估。该项目的首要成果是"指南"或工具包。这"献给有意愿参与 Residences 项目或建立自己 Residences 项目的人们"。

我们将在最后的案例中看到，协同设计方法的工具包理念是一个非常重要的方法，它可以帮助设计师促导而非主导开放设计过程。其实称之为"工具箱"可能更恰如其分。工具箱集合不同的工具，随着时间的推移，工具的数量不断增加，并且各个工具都有不同的出处。开放设计工具箱收录工具设计，使它的用户能够建立自己的工具集，并逐渐自如地运用自己的工具。然而，我们不能把工具箱当做包治百病的方法，工具箱只是通过创建工具，促进开放设计的一种途径。个人可因地制宜地调用工具，不受设计师的控制或知识范围的辖制。

区域开放设计实验室

Residences 项目仍在继续，其形式在过程中得到了很好的验证，27 区新的发展重点已经转移到了一个叫做 La Transfer 的项目。它的目标是让参与区域发展的机构创建自己的资源和工具，并参与创新。项目采取的战术从直接运营活动转变为帮助政策制定者创建自己的活动，这一变化意义重大。它代表了设计的转变方向是为开放设计流程建立"支架"，而非居于流程的中心，它真正标志着 Gadgeteer 和农村政策原型设计之间罕见的却相关的交叉。每个创新实验室都有自己的侧重点，位于勃艮第的实验室关注村庄的未来，另一个位于香槟阿登德的实验室关注青年政策，卢瓦尔河的实验室则关注区域的未来。这些中心的实际作用是切实帮助政策制定者做出决策。例如，斯蒂芬介绍道：

此项目正在探讨的一个问题是就业。例如，他们得到了500 万英镑的就业实验资金，我们将使用这笔资金进行就业实验。所以我认为我们的作用是用这笔钱推动项目，并确保项目的试验性和趣味性。

各个中心也将取长补短，共同解决公民参与时出现的问题。公共政策制定者尝试在规划和发展过程中让人们参与进来，但参与者往往感到他们的意见只是被"参考"，或者只是被问及这类问题："我们已经决定这样做，你怎么看？"这不是批评政策制定者。正如斯蒂芬评论道：

他们尝试在方法和概念上进行创新，但因为这是一个非常正式的项目，所以组织专家会议就不可避免，这就与众人围坐桌前讨论的方式毫无差别。这中间缺乏方法论，所以我们想也许还有其他的方式——建立实验室。生活实验室（living lab）是此类项目的另一种可行方式。

这些实验室主要为公务员提供支持。许多人对 La Transfer 活动回应道："它培养了我的工作意识，让我开始关注早已遗忘的用户。"区域政策制定者举步维艰。正如斯蒂芬评论道：

他们处于区域一级，区域级不是行政办公室，而是更偏重于战略制定，更像是小型的当地政府。就像处于战略级的国家，上层并不自知自己的确切处境。尽管他们已经建立了自己的国家文化，但是他们并没有关注公众的愿景和文化，所以这就需要寻求新的做事方式。

La Transfer 项目的区域合作伙伴热衷于创建物理空间，帮助他们探索自己的做事方式。这就提出了文化和实际的问题。地方议会运行的流程是否仍容得下设计者或者已经视设计师为多余？在物理环境方面，创新空间的研究已经表明它需要具备一些客观条件，比如光线、开放性和宽敞的空间，但它也需要是一个能远离日常生活的场所。由此便产生了一个关键问题，这个空间可能不会被每周使用，而若闲置这个空间，将付出昂贵的代价；但反过来，如果空间被挪为他用，如举办会议，它就将失去激发创造力和创新的意义了。

从较为积极的一面来看，工具设计和测试可能出现井喷式爆发，使他

人能开发或使用自己的工具。斯蒂芬·文森特开发这类生态系统空间的愿望更加强烈:

通过(哥本哈根的)思维实验室(Mindlab),我学习到要确保那个地方不是交换个人情报的场所,不是进行发明的新场所。Mindlab 做培训,帮助公务员运用方法论。他们并不是唯一会使用方法论的人;而这个实验室也不是唯一发挥创造力的场所。它通过传播、推广和培训使人们以这样的方式工作。因此,将实验室视为可以恣意发挥创造力的新场所,这是非常重要的。因为它的理念是使公务员拥有创造力,但他们需要发挥创造力的工具、场所和时间。

特别有趣的是,27 区正在开发专门为他人使用的工具,并计划将这些工具普及到所有与 27 区合作的地区以及更多的地方。更进一步的设想是 La Transfer 实验室或其他机构轮流修改和重新设计这些工具。他们希望得到公务员这样的反馈:

"嗯,我们一直在使用这个工具包,它真的不错,但我们想用它做一些略微不同的尝试。"并能进入一个专门的空间,说:"这将是全新的体验,我们将进入这个新的空间,将运用新的思维方式,我们还将要……"

正如斯蒂芬所述:

当你进入这个地方时,你将开启新的思维方式;而从这里出去时,你应该有所改变。但是当你来到这里时,比如,我在想我们是否应该建立一种协议，明文规定：如果你是政治家，在进入这个地方后，你要褪去政治家的身份；如果你是刚进入体制的年轻公务员，你也要变成普通的参与者。你要忘记自己的身份或者你会得到一个新的身份……我不知道我们是否需要建立这种协议，但我想我们需要做些什么。

进入一个新的思维空间，到此为这个案例研究画上了完美的句号。很显然，斯蒂芬和 27 区团队对新的方法和流程的探索，是开放设计应该特别关注却往往忽略的部分。

本案例与 Gadgeteer 风格迥异，站在了一个开放设计的新视角。我们需要认真反思这个案例。除了显而易见的关联性以外，在事物表面下，关键问题在蔓延，这也符合法国的一贯传统。我们清晰地看到了一个拥有丰富的区域新政策制定与协同原型设计项目运作经验的组织。它建立在包括设计师、政治家、商务人士和其他人员的开放创新流程的基础之上。我们还看到它帮助公务员设计自己的创新促进空间和自己的开放设计工具。在最后的两个案例中，我们将看到创新促导和促导设计对于重新定义开放设计中的设计师角色是多么至关重要。

在项目的表面下，我们看到它的活动框架与一般讨论的开放设计方式截然不同。这种差异 ——需要理解这个新框架以及反思它与其他有关开放设计的著作之间的关系——是 27 区所运用方法的一大优势所在。

OPEN

DESIGN

AND

INNOVATION

案例研究 3

｜银＝金：开放创新过程中的专业设计师｜

本案例研究关注的是由艾恩德霍芬市议会资助的商业合作设计项目。在银＝金项目中，6 位专业设计师共同设计，关注刚退休居民的福祉。因为由市议会与设计师直接合作进行该项目，所以该案例研究的重点在于他们之间的关系，以及设计师如何看待开放创新的过程。项目结果反映出专业设计人员在面对开放创新过程时内心的紧张，以及他们自认为自己的价值所在与项目专员的看法并不匹配。

简介

案例研究通常是对已完成项目的回顾，有时会扬长避短，有所粉饰。研究银＝金项目是一个不可多得的机会，因为该项目处于正在进行时。它刚刚完成一个阶段，正准备进入下一个阶段。银＝金是一个完美的案例，它已经取得了一定的成果并达成了一定的目标，但它还在不断进行中。这有助于我们从项目进行过程中获得参与者更自然、更直观的反应和观点。更难能可贵的是，项目参与者愿意开诚布公、慷慨坦诚地参与讨论。讨论结果非常有趣，在这里我还原了团队当时的想法，给人以身临其境的感觉。为了让读者直截了当地了解当时的情况，本书将直接引用设计师的原话。

银＝金是一个共同设计项目。这完全符合开放设计研究对专业设计的定位。在共同设计过程中，设计师和非设计人员共同参与流程的创意环节，而不只是简单地为设计师提供信息或数据，让他用设计语言表达出来。这种开放创新过程与开放设计方法完全吻合。

银＝金项目由荷兰南部的中型城市埃因霍温的 6 名年轻的专业设计师承担。埃因霍温必须面对飞利浦公司迁出后的惨淡局面——在过去的 10 年中有超过 25 000 人失业。设计以及蓬勃发展的设计和技术大学对城市重生起到了至关重要的作用。银＝金由埃因霍温市（当地政府）和 BrainPort（现改名为 Capital D）发起。后者是侧重于设计和创意产业的区域发展私有机构。

第一期银＝金项目为期两年，运行时间为 2010 年至 2012 年，旨在帮助社区中刚刚退休的"积极分子"保持活跃状态，项目不仅有利于老人的健康，而且能造福于更广大的社区人群。这个共同设计项目有 20 万英镑的项目经费，用于招募三组设计师，分别在埃因霍温市的三个社区工作。

虽然银＝金是很标准的共同设计项目，但是 Capital D 还是决定他们或议会的定位不要受共同设计这一概念的约束。共同设计的定义尚无定论，这也是选择该项目作为本书案例研究的一个重要考量。缺少可遵循的标准模式，人们对专业设计师的解读与他们的实践之间存在分歧，这是不言而喻的，也是专业设计整体的一个缩影。对此人们持有不同的观点。一个极端是坚定地支持合作和创意实践的新形式；另一个极端是公然投机取巧，滥用拨款，认为不应当给用户选择的余地。在本案例研究中，稍后会从设计政治和流程的两个角度来分析观念差异。

最后，埃因霍温市议会发挥了显著的作用。它从高高凌驾于社区的位置上走下来，转身变为咨询者，放手一些控制权，并邀请市民参与创意和规划过程。它树立了一个很好的典范。在下面的"PROUD：城堡之外"的案例研究中将深入探讨这种官方角色的转变。在这个项目中，假设是英国的地方政府想改变环境，首先需要与当地居民进行协商讨论。

但在这方面，埃因霍温市议会也是一个很好的榜样。这种变化还表现为项目的过程更加包罗万象，标志着关注点从城市基础设施的实际需求（标志、道路、街道设施）转移到了社会基础设施（社区、互动、福利）。

本案例研究关注参与项目的个人观点和方法，并且关注各位参与者之间的不同。鉴于这一点，保持参与者的声音"原汁原味"就显得非常重要，而非将声音加工成司空见惯的叙述体。

埃因霍温市议会的观点

安托瓦内特·克里普斯（Antoinette Kripps）是埃因霍温市公共空间

的项目主管。在采访中她简单介绍了银＝金项目的意义和城市在该项目中所发挥的作用。同时接受采访的还有英格丽·范·德·韦切特（Ingrid van de Wecht），她是 BrainPort 的项目经理。

安托瓦内特·克里普斯（以下简称 AK）：我是埃因霍温市政府公共空间的项目主管，我主要负责制订优化公共空间的年度计划。

有几点对我们来说至关重要。其中一点是要与我们计划牵涉到的居民交谈，调动他们的力量，而不是自己未经调查凭空判断什么对他们有利。我们需要把主动权交给他们，让他们参与进来。另外重要的一点是设计，想想你要怎样设计，让它很好用，而且每个人都喜欢它，想用它，让人在公共空间中感觉舒适。

莱昂·克鲁克香克（以下简称 LC）：这样说的话，银＝金是你们活动的一部分了？

AK：银＝金是其中一个非常出色的项目，与我们的活动框架完全吻合，因为我们认为运用设计解决公共空间的社会问题是很重要的，而且我们看到的一个社会现象是老年人逐渐增多，所以我们认为老年人使用公共空间这一点非常重要。他们可以在公共空间见朋友、散步、锻炼身体。因此，我们让他们给我们提建议，告诉我们他们理想的活动空间是什么样的。整个过程是完全开放的。我们对最后的结果完全没有预期。

唯一重要的是它必须是面向老年人的公共空间。开始时我们比较注重交通便利，但在项目进行过程中，我们发现了其他更重要的事情，所以我们将重心转移到了这些方面。老年人可分为四种不同的群体，他们对事情的优先级有不同的衡量标准，也有各自的解决方式。

难点在于现在的 60 多岁与 20 年前的 60 多岁完全不同。在 20 年前，60 岁已算得上高龄了——60 岁的人穿花衣服，已经是爷爷和奶奶了。现在，60 岁的人还很年轻，活力十足。所以 60 岁和 90 岁之间有很大的差别。这两个年龄群体都参与了这个项目，设计师对他们会有不同的考量。

LC：银＝金与你们运作的其他项目有什么不同？或者说有没有不同？

AK：这主要是因为我们不知道最后的结果如何。在正常情况下，我们知道，我们需要设计一个新的街道或实体，我们知道自己想要什么。

这一次，甚至对问题的描述都不明确。所以这是一个真正开放的过程，你既需要寻找问题，也需要寻求解决方案。这与我们平时的工作方式非常不同。

LC：那在一开始是不是要假设交通便利很重要，然后，再转移项目的重心？

AK：我们做了很多促进交通便利的工作，我们自己也有些疑惑：交通便利在公共空间中是最重要的吗？于是设计师在街道和社区与人们交谈，他们发现这并不是最重要的问题。更重要的是附近没有商店，街道空旷无人，诸如此类的问题。

在通常情况下，我们运作的项目可以看到实实在在的东西，板凳、人行道、砖。而这个项目更偏向于社会性。有时候，一个团队会先提出解决方案，做小标志，提醒人们健步走。所以对我们来说标志是实物，这一点符合我们的一般工作模式。建立社区网站或将小超市引进社区，就是另外一种完全不同的思维方式了。

LC：你们在继续推进这个项目，这对你们的机构是不是一个挑战？而你已经习惯了建立实物或采取实际的干预手段，但现在你做的是服务，这是不是对议会现有文化的挑战？

AK：可能是。但我们对设计师传达的一个重要信息是，解决方案应该是什么样的这一点非常重要，政府不应该负责维护，因为现在我们有很多财务问题，所以政府经费变得越来越少，政府工作人员的工资也在降低。所以我们给出的解决方案需要为项目找到接手的人，政府无须负责维护。在这方面设计师做的工作非常到位，因为他们的设计都有另一种组织方式，无须由政府负责，他们找到了一种让其他人负责的方法。这不仅简化了我们的工作，而且为社区提供了解决方案，并没有让政府负责到底。用之于民，养之于民。

英格丽·范·德·韦切特（以下简称 IW）：你们管它叫什么？口号？少一些政府权，多一些公民权。这是现在的情况。

AK：解放流程，为项目找好下家，这对我们非常重要。所以我们在这个项目过程中的作用不大，但我们联系所有的工作坊，更多的是给设计师的设计方向提建议，不说"这个不好"，或者"这不是我们想要的"；而是多说"哦，如果你想到了那个，不妨再想想……"比方说，他们为公共空间设计了某些东西，我们会说"哦，再想想怎么维护它"，诸如此类的话。

所以，我们会参与整个项目。当然，我们会按照流程，督查它是否偏离了公共空间的目标定位，因为定位对我们来说很重要，它是面向所有人的。所以，我们最重要的作用是检查它是否符合项目定位，解决方案是否契合我们在立项时提出的问题。虽然我认为这个问题随着项目的推进会不断演变，但是因为我们身临其境，明白其中的原因，所以也没什么问题。

我们注意到这是一种不同以往的思维方式，我们也发现，当我们身处（设计师）团队中时，我们会突然产生其他的想法和观点。因此，若你产生了诸如"哦，正常的东西"之类的想法，你已是设计过程的一个环节，你发现自己的思维方式也会发生变化；你让自己变得更加富有创造性，这是非常积极的一面。

但是事情不总是这么一帆风顺。之前我们做过一些项目，其中一个项目位处一个幽暗的广场，没有多少人去那个地方，也没有人喜欢它。设计师有一些创意，他们都是不错的设计师，但他们并没有好到让你说："哦，这件事我们会做。"有一个非常好的创意，却非常难以实施，但它帮助我们想到了另一个较易执行的创意。通过整个过程，我们可以找到自己的解决方案。但是，如果我们没有经历这样的过程，我们完全不会想到解决方案。所以我们已经习惯了大家的做事方式各不相同，让不同的观点碰撞，这非常好。

设计师不太会考虑成本的问题，但现实世界并不是什么都免费，所以我们互相学习是非常有益的。而在这些设计过程中，你会看到这种情况发生。

在这里，安托瓦内特强调不断变化的情况更加凸显了个人责任和参与的重要性，这与英国许多地方议会的观点不谋而合。这种重点的转移有利于培育开放设计（和共同设计）等方式的肥沃土壤，推动人们更加积极、更具创造力地参与设计。

上面的采访所产生的第二个问题正好击中专业设计的要害。安托瓦内特认为银＝金的优势不在于设计团队提出的设计方案。她认为这些设计方案有一定的趣味性，但远没有达到惊天动地或出人意料的程度。相反，该项目聘用了一些设计师，但项目的价值并不源自他们的创意。在安托瓦内特看来，银＝金的优势在于，可以亲自经历团队所使用的创造性的设计途径和方法。

设计师通常会运用隐性的途径和方法，设计专业的学生在艺术学校会接受这方面的训练。但安托瓦内特认为这些方法可以被调节并被反复运用，在这里我们看到设计（设计师）是变化的催化剂或帮助者，而不是创新的直接引领者。

银＝金设计师们的观点

作为案例研究的一部分，从事银＝金项目的设计师参加了小组讨论。在讨论过程中，设计师和议会工作人员的观点显然摩擦不断。小组讨论由项目负责人英格丽·范·德·韦切特主持。在这里，很显然，设计师认为自己是创新过程的引导者，而没有站在平等的、协作的、细致入微的立场。而只有采取这种立场，囊括不同创新过程的共同设计才能成功实现。讨论围绕六个关键问题展开。

1. 什么是银＝金项目的定义性特征？

2. 什么是共同设计？它与"正常的"包容性设计有什么不同？

3. 你在项目中运用了什么流程？这与"官方"的流程有何不同？

4. 银＝金的结果如何？结果是可预见的，还是出乎意料之外的？

5. 共同设计正在作为一种新的工作方式出现，还是一种炒作？

6. 你如何看待未来几年里设计行业的变化？

由此产生的讨论揭示了团队内部对智力参与的看法大相径庭，有些人毫不避讳地承认参与这个项目仅仅是为了在困难时期过渡，而不是对共同设计感兴趣，而另一些人对设计师在设计过程中担当的角色非常感兴趣。这里的每位参与讨论者都是匿名的。

政治和权力

整个团队内部都有一种强烈的感觉，共同设计的方法反映了荷兰的政治势力（同时这也是根据他们在欧洲其他国家的工作经验得出的）。

6号受访者：我认为这是政府自身的立场，不好意思，我的意思是单指埃因霍温市本身。我认为尝试新的方法，试验它能否行得通，或者摸索它的工作原理，这是一件非常勇敢的事。在我看来银＝金的主要特点在于政府、埃因霍温市和街区在项目中各自的立场以及让设计师担任调解员的角色。

这个项目像是一个自下而上的转折点，强调因地制宜，或根据当地的环境情况决定怎么改变。过去，一切都是自上而下的，即使是现在的政治活动也都会或多或少地自上而下进行，一方面社会公众很难把握政治走向；另一方面政治人员也很难察觉社区或社会的需要是什么。我觉得这个类型的项目开创了一种全新的设计方式，一个完备的系统。

1号受访者：我认为在我们的项目中设计更像是一种方法或一种思维方式，结合各方的技能优势，通过某种滤镜看世界，至少对我来说是这样的，其实有点模糊不清……

每当政府想在公共空间做一些创新时，他们都必须进行共同设计，或参与式共同设计，这种现象在公共空间项目中尤为明显，现在每个项目都有政府的参与。如果我进行设计但不参与项目，就会被打发回家。如果少了在那里生活的人或相关人员的参与，也行不通，甚至可能会适得其反。

我想我们应该自己决定共同设计的流程，因为当局可能会滥用共同设计，只是为了表明"我们多么民主"，这就像一些开放之夜的活动，仅仅在征集了大家的意见后，就称之为共同设计了，我认为这是大错特错的。但是，如果你说共同设计能真正帮助我们做出缜密成熟的解决方案，那么就没问题了，而且我认为它还不错，所以要视情况而定。

　　这种观点呼应了那些包括里克·鲍伊诺（Rick Poynor）在内的一些人对创新的质疑，更普遍地说，呼应了以罗杰·马丁（Roger Martin）为代表的一些人对在一般商业活动中运用设计思维的质疑。他们的问题是设计（在这里是指共同设计）被非专业设计人士劫持着，这些人可能是地方政府或企业。在讨论中，一些设计师对此的回应是，他们需要参与，控制这些项目和流程。这并不表示他们支持共同设计这类方法，而是表示他们更为关注在用户／客户／设计师／行政长官的关系等级结构中，共同设计对设计师专业地位的潜在影响。

　　我在前面的案例研究中所提到的，权力（政治权力和人际权力）这个概念对斯蒂芬·文森特负责的 27 区项目来说，是一个非常重要的引导动机。挑战僵化的等级结构并进入更加错综交织的关系，对设计师的日常活动具有深远的影响。

　　大多数设计师都有一套惯用的工作方法或模式，大多可以非常自如地运用到项目中，所以他们花在设计流程的心思少之甚少。当然设计师要开动脑筋解决具体问题，但对解决问题的方式的思考并不多。这种新的"后结构"开放设计环境具有不断变化的特性，要求设计师主动思考和创新，采用可调解的适应性流程。设计师需要不断调整流程，以适应每一个新挑战。这是由于在开放创新的过程中，持有不同观点、创新语言和参考框架的设计师与非设计人员之间需要不断地谈判与妥协。在这种背景下，每个不同的新项目，都需要积极地个性化定制开放创新的流程，甚至大刀阔斧地修改设计师的方法。

在一定程度上，参与讨论的设计师也意识到了这一点。与设计师的讨论也由此发生变化，从谈论地方政府的政治（大"P"政治），转变为探讨权力、责任和等级制度（小"P"政治）。

7号受访者： 它不得不与权力有关，因为一般来说我们作为设计师拥有权力，但是现在每个人都拥有同样的权力，甚至老年人与我们一样也拥有权力。因为如果他们说"这个想法不好"，下周我们就无法再提这个想法了。

LC： 我认为问题更多在于谁拥有权力。虽然你们参与了这个合作过程，但实际上，你们有什么权力吗？

6号受访者： 说到底我们还是有权力的，因为我们决定展示什么，他们只能在我们所展示的事物范围内选择，他们无法选择其他我们并没有展示的东西。因此我们会做一份备选项的精选集，我认为共同设计相较于单独设计，能提供更多的选择。我单独做设计时，客户要求我做什么东西，我只会给一个选择，因为当你提供两个选项时，他们就要进行选择。我是设计师，我应该是做选择的人。

但是，这是个人设计项目的游戏规则。刚开始做设计时，我接到一个任务，会冒出10个创意，"哦，我要告诉客户我的所有创意！"然后我去跟客户见面，他说："哦，我想要这个，我还想要那个！"然后我会去修改设计，结果会呈现出一个诡异的共同设计作品。但是，我暗下决心："不，这样行不通。不能让客户做选择题。"现在，在过去的几年里我一直在强调这一点。于是，当他们（客户）说不行时，我会说："我会在下周提供新的方案（唯一的解决方案），不会有多个方案。"

1号受访者： 我认为，多个选择的确会给客户造成混乱，因为他们有时并不善于做出正确的选择。

从某些方面来讲，这是共同设计的对立面，不相信客户（或用户）在设计过程中所做出选择。虽然它不是银＝金项目团队普遍持有的立场，但这些想法确实引起了许多项目参与者的共鸣。集体创造力的协同设计原则与开放创新过程相生相伴。它与（这些）设计师的首选做法并不匹配，这表明参与开放设计的设计师的机会主义本性，但公平地讲，这是所有设计师的本性。传统的设计教育塑造了设计师的机会主义、随机应变以及创业精神。设计师由此分成两个阵营。一个阵营认真思考设计和开放创新过程的本质，而另一个阵营向"钱"看齐，如果有必要他们会冒出一些共同设计的词汇，实际上却认为共同设计不过是收集信息的手段罢了。

7号受访者：它是一种方法吗？在我看来，它是时髦的设计方法。你可以上谷歌，你可以查字典，没错，对我来说这也是一种灵感来源，你也可以到大街上问大家；我敢肯定，如果你把自己锁起来做设计，你会得到一个截然不同的设计结果。

差强人意的结果

设计师对共同设计颇有微词的潜在原因之一是，他们认为共同设计的成果较之传统设计黯然失色，或者无论怎样都稍显逊色。在与银＝金项目的设计师的讨论过程中，我们提到了"平均化"解决方案的概念；同时与此相反，也提到了设计需要"锐利的锋芒"，保持强烈的风格和鲜明的个性。这里可能存在一些文化造成的影响，在风格派之前，荷兰设计更偏于生硬，而非活泼生动的，有人认为这是对荷兰平坦的地平线以及人造环境的回应。

1 号受访者：我很难同意这样的观点，当你与更多人交谈时，共同设计就会变得平庸？我真的无法苟同这个观点。

10 号受访者：我也不同意这个观点。

6 号受访者：平庸这个词是用词不当，因为我们将它做贬义词。

1 号受访者：我不是很确定，但设计确实失去了锐利的锋芒。

6 号受访者：那么，你就有责任通过组合不同的设计寻求最好的设计结果，所以你必须保持设计的锋芒。还有很多锐利的设计，你可以取其一而用之，或者将这些设计结合起来。

1 号受访者：是的，但是，就我而言，我也可以与你一起产生新的出色的想法。

这就提到了所有的协同设计都必须面对的一个问题，尤其是在参与者各持己见的情况下。它面临的挑战是如何避免"委员会设计"。有一个老套的故事，讲的是看起来是骆驼，其实是委员会设计的马，放在这里再恰当不过了，协同设计往往过于平庸。参与过程的失败其原因之一是贡献者持有鲜明的个人观点或主张，而在协作过程中，参与者不断被要求妥协，接受平淡无奇的原有设计方案。如果参与者愿意接受一个妥协的（对他们来说，更糟糕的）结果，那么这些大型设计项目的解决方案在参与者之间就有重合的区域，开始出现折中的解决方案。当然，将本来可以得到的方案与妥协的立场相比较，结果是每个人都不会满意。

这确实是一块很难啃的骨头，但也有替代这种"平均化"的方法。首先要让参与者暂时放下具体的解决办法和建议。面临的挑战是让参与者集中关注目的、动机和影响。也就是说，替他们考虑经验的变化（和其他相关人员），而不是专注于具体的产品和服务。暂时放下"螺母和螺栓"这类概念性的问题解决和思考方式,设计师应接受这方面的训练(通常是隐性的)。但是,正如我们在后面提到的"PROUD:城堡之外"案例研究中所看到的,也可以帮助非设计人员建立这种思维模式。暂时忘却实际问题的好处在于参与者可以轻装上阵。这是成功协作过程良好的开端,最终的解决方案要超越过程开始时每个参与者的想法(根据他们的个人评价)。如果运作得当,共同设计的解决方案其结果要优于各部分的总和,但实现这点很难,因为由个体组成的各个团队的情况各异,对此的理解也不透彻。

运用设计精良的流程以及得当的促进手段,就可以超越最初的设想。一些开放设计方法的特征是设计参与者分散性强、自主性强,如何实现超越就较为模糊不清。如何帮助在北京工作或特隆赫姆或因弗内斯独自工作的某人超越其最初的设想?这是有趣的互动/流程设计挑战,为专业设计人员提供了在开放设计发展过程中大展拳脚的机会。这个挑战是目前兰开斯特大学的重点研究方向,运用新式在线协作学习的形式,改善参与者的观念敏捷度。

设计流程

上面已经介绍了参与银=金设计师的工作实践,接下来将介绍银=金项目所使用的特定流程。首先我们要注意的是非设计人士的字典里没有"促导""协作"这类的字眼。一些参与项目的设计师认为,就共同设计而言,协作是指设计师之间的活动。

1号受访者:共同设计就是要与非设计人士或其他专业背景的人交流与碰撞思想、产生创意和其他解决方案。所以在我看来,共同设计的真谛就在于与其他专业背景的非设计人员一起合作,否则共同设计的意义何在?也就不应该称之为共同设计。

这种观念在团队中并不常见。大多数人认为，共同设计不是要激发非设计人士的创造性贡献，而是更多地强调设计师有技能和能力穿老年人的鞋走路，因此无须过多地征求老年人的建议，他们能够为老年人设计合适的鞋。

4号受访者：我到底在做什么？就是尽量让自己变成一个老年人。你想知道现在变老是怎么回事。你现在老了的话，能做什么和不能做什么？

设计师认为他们能"变成"客户，这种做法并不罕见。有时借助辅助手段，比如，"老年人服装"设计师能体会老年人行动上所受的限制。这不符合开放与共同设计的理念。这方面的研究告诉我们，实际上来自"用户"的有用信息的黏性很强，非常不易为外人掌握。另一种成为项目用户的办法是探讨刚退休的人与设计师相似的可能性，这样一来，设计师认可的解决方案几乎可以满足退休参与者的需求，只需要做一些细微的修改。

7号受访者：我觉得这个项目对我们及我们的团队而言，与方式方法有关。设计师M说，我们想帮助老年人。我们想和他们对话，就像我们彼此谈话，与年轻人对话一样。在某种程度上，我产生的第一个想法是："针对老人家，我必须做点儿不一样的！"但我们越来越强烈地认为我们应该一视同仁，并不能因为他们是老年人就区别对待。我最初的想法是我必须做点儿不一样的，但现在我的想法已经转变，我应该像对待年轻人和其他人一样对待老年人。对我来说这是这个项目的关键。

1号受访者：我与老年人之间的谈话就像现在我们的聊天一样。即使他们的生理年龄是 83 岁或更高龄,但从心理年龄来讲——如果他们是幸运的——他们依然能与他人进行良好的沟通。因此,实际上,我们碰到的主要情况是,我们必须拿出的解决方案不仅是豪言壮语:"嗯,我们要设计这个!"还有非常细微的改动,以此确保老年人仍然可以像我们一样做小的事情,但你必须激发他们的主观能动性。我们用的都是非常小的干预措施。

修改直观的解决方案正是传统设计师的日常工作。在现实中,它通常与用户之间的联系非常脆弱,尽管当设计师处于严格的监督下时,流程还是会显得过于理想化。对明确的共同设计项目而言,这有点令人失望。某些设计师认为参与者充其量是备用的数据库,而非将他们的智慧和经验视为蕴藏丰富创造力的宝库。

5 号受访者:我想我们刚才已经提到了我们的经验是什么。现在用的是更加以用户为中心的流程,所以我们与很多人聊天,收集了大量的信息,运用了所有收集到的知识和经验,形成了创意。

结论

银＝金项目的设计师才华横溢、全力以赴、满怀热情、优秀能干。本案例研究并没有任何批评设计师的意思,此处的目的在于了解共同设计的真实状况、真正的预算以及真正的设计师、客户和参与者,并且探寻流程表面之下的玄机。更进一步说,目的是在现实世界的背景下,探寻伴随着开放创新流程项目产生的紧张、顾虑和误解。这在很大程度上归功于 BrainPort 和设计师双方,他们有充足的安全感,足以超越理想化的流程,表达真实的感受、意见和冲突。

从某种程度上说，这种紧张局势是 BrainPort 没有事先定义共同设计的方法以及没有与设计团队建立共识造成的。不过事实证明，没有明确的定义是强调各位的参与程度和个人设计师对协同设计的理解的一个很好的方式，最终引发关于这个问题的长篇讨论，颇富成效，创意十足。

本书的写作前提是设计行业正在经历翻天覆地的变化，在未来几年，变化将尤为明显。银＝金项目的一位设计师所言正反映了这些变化以及为什么这些变化让年轻的设计师身陷困境。

1号受访者：我听过丹麦铁路公司的故事，它真的被视为欧洲最优秀的设计管理公司，公司的设计师早已开始培训其他同事或让他们参与设计过程。而现在，他们认为他们不再需要设计师。因此，他们千真万确地摆脱了自己的设计部门，因为他们说："好了，我们知道自己该怎么做。"

想象的（在某些情况下，非常真实的）危险是设计师投身于流程、协作、主动性和创造性实践，结果导致他们自己退出了历史舞台。此外，这些变化还有令人鼓舞的积极一面。这位担心设计让设计师出局的设计师也提出了这样的见解。

1号受访者：我看出来了，银＝金项目也是一种触发社区中的人们亲自设计的方式。因为我的感受是如今我们很被动，我们这一代人也相当被动。通过这一类型的项目，我们可以激发彼此的积极性。

毫无疑问，随着物理设计和数字设计的生产资料变得更加普及，变得对非设计人员愈发唾手可得，设计界面临着巨大的挑战。

同样显而易见的是，很多人有与当代设计师合作的经验、能力和兴趣。我们需要摸索方法，吸引参与银＝金项目的年轻、有才华的设计师加入开放创新的过程。既认可设计师的才华和能力，也不让他们感觉自己需要主导创新过程。

这些挑战可以解决，但需要根本转变设计师在开放和共同设计项目中运用的流程、方式、方法。这种转变需要开放创新过程，热情欢迎他人的加入，而不是简单地把他们当作信息来源；或者更糟糕的是，公关活动对象，他们无须承担任何真正的设计活动。所有参与者都有责任使这类开放流程的结果优于设计师单枪匹马工作的结果。如果优势并不明显，开放设计就永远无法根基稳固并且受到好评。

改变文化需要很长的时间，至少需要几年，最终将源自设计教育的变革。下面的案例研究将探讨教育如何应对这些新的要求。我们将特别关注荷兰的代尔夫特理工大学的新举措。

在短期内，设计师创造新的工具、流程和方法，使专业和非专业的设计人员以恰当的可行性方式投入开放设计的过程中。这的确是很大的挑战。回到银＝金项目，议会认为真正的价值源自经历设计师运用的流程。如果设计师直接考虑可移植流程，而不是将它（他们的）视为正常设计实践的副产品，又会让人有多少收获？

培养开放设计师

在本案例研究中，我们将重点了解"促导"在开放设计中的价值。接受传统设计教育的设计师通常对"促导"技能不太熟悉，因为传统教育更加强调个人价值观。为了解决这个问题，一些领先的设计界教育者将"促导"纳入课程表。我们将特别关注"促导"在代尔夫特理工大学的工业设计课程中所发挥的作用。通过这一课程，新的职业群体——开放设计师正在崛起。

我们不难理解为什么赋予非设计人士创造性的角色会令设计师大为紧张。某个人读过一本设计思维的书（或杂志文章），就"摇身一变"成为了设计师，这可能会造成灾难性的结果。受到设计思维启发的某位公司老板接管该公司的设计工作，结果表现平平。这样的事例层出不穷。同样，设计不能自以为是地反对新型生产形式，毕竟设计师不再担当守卫者的角色，例如在网站设计或名片设计或许多其他设计领域。这对设计师来说既是挑战，也是机遇，有助于人们提高创新能力，并且最大可能地开发出成功的设计。目前有两个途径：要么是通过传统的方式与设计机构合作，或者在共同设计过程中，设计师与其他参与者共生共荣；要么是与专业设计完全脱离的"本土化"设计。

在开发全新的兼容并包的流程方面，开放设计提供了振奋人心的选择，尽管目前这些方法依然在不断推陈出新。这与克雷顿·克里斯坦森后起之秀将取代主导企业的看法产生了共鸣。电信行业的诺基亚和 RIM（黑莓）就是这方面的前车之鉴。正如本书前面所提到的，克里斯坦森认为，由于衡量成功的标准只是悄然发生变化，并且新标准的产品起初的市场规模不大，才导致了在 50 多年的时间里好几波公司倒闭破产。那么，设计专业的发展是否正在进入这种模式？

目前，开放设计活动的整体市场规模很小，而且在非关键领域非常活跃，比如 T 恤、马克杯等。根据克里斯坦森的硬驱动力分析，与传统设计相比，开放设计的成功标准可能不同，它能够有效地满足新需求。难道这是新型设计的开端？它是否将淘汰传统设计师？只有时间才能告诉我们答案：这将成为现实抑或只是一厢情愿的想法。

若要设计专业在开放设计中发挥有意义的作用，设计师就需要改变。这么说并不是针对所有设计师，而是针对那些有志于积极投身于日新月异的开放设计领域的设计师。在某些情况下，通过职业发展过程中的个人成长和机缘巧合，尽管没有正规设计教育的支持，设计师也会顺其自然地发生转变。为了让更广泛的人群参与开放设计流程，并真正发展和改进这些流程，需要大批设计专业的学生加入这个行业，站在与传统设计观念的不同角度。

传统的设计教育

有一点可以确定的是，设计师和设计专业正在面临着新挑战（当然也有机遇）。设计教育仍在普遍采用着传统的教学模式，与 20 世纪 20 年代、30 年代初的包豪斯教学没有明显的差别。包豪斯成立于德国东部的魏玛小镇，标志着现代设计教育的诞生。现代艺术博物馆 1938 年的馆长阿尔弗雷德·巴尔（Alfred Barn）在他的著作《包豪斯》（*Bauhaus*）的序言中，非常精辟地总结了包豪斯的原则。这本书由沃尔特·格罗皮乌斯（Walter Gropius）和赫伯特·拜尔（Herbert Bayer）编辑，他们分别是包豪斯的首任校长和包豪斯运动的重要人物。

- 大多数学生应该面对事实：未来他们主要从事的是工业和批量化生产，而不是比拼个人技艺的行业。

- 设计学校的教师应处于行业的前沿地带，而不是成为滞后于行业发展的学究。

- 设计学校应该效仿包豪斯，将绘画、建筑、戏剧、摄影、纺织、印刷等各种艺术汇集成一门现代综合艺术，摈弃传统上对"纯"艺术和"应用"艺术的划分。

- 设计一流的椅子比画二流的画更难，并且更实用。

- 设计学校的教师队伍应该吸纳纯粹的富有创造力且客观公正的艺术家，比如，聘用画架画家与实用技师互为补充，并肩教学，这有利于学生的全面发展。

- 动手经验是设计专业的学生不可或缺的——开始仅限于自由实验的经验，然后扩展到实际的车间经验。

- 对合理设计技术和材料方面的研究，应该只是创造新式现代美感的第一步。

- 因为我们生活在 20 世纪，学生建筑师或设计师不应该躲在过去的世界里，而是应该全副武装，满足现代世界的艺术、技术、社交、经济、精神等多方面的设计需求。这样他就不再是社会的装扮者，而是变身为不可或缺的参与者了。[①]

在当时的背景下，包豪斯具有革命性的意义。从前，设计师上学时画古典石膏雕塑，毕业后在企业里当学徒，边干边学一些技能。包豪斯将这种模式转变为今天我们看到的设计教育的形式。当时的德国无法接受包豪斯的激进思想，将讲师（大师）驱逐出境，最后干脆关闭了包豪斯。随着这些大师先后在英国、美国和瑞士定居，他们的新思想也融入了那里的设计机构。

即使是在今天的新媒体和数字设计课程中，这些原则依然醒目，比如，知行合一的方式。在 20 世纪的时代背景下，这些原则对设计大有裨益。问题是 21 世纪的指导原则是什么，以及如何将这些原则转化为行动，推动新型设计师的形成？无须检验上述原则的真伪（75 年后，它们依然屹立不倒），而设计和批量生产之间的关系正变得愈发让人捉摸不透。原来批量生产的东西现在都变成了私人定制（比如汽车或家具）；而在网络上，我们都免不了通过 Twitter 和 Facebook 等平台生成个性化的、独特的动态文档。包豪斯时期，对材料的处理简单明了，现在则变得更加复杂。什么是数字"材料真相"？这些问题加上开放生产方式，

---

① 拜耳，1938 年。

都让我们有必要重新审视传统的设计教育。寻找新的设计教育原则与方法的脚步将我们带到代尔夫特理工大学，它是世界上最杰出的产品和工业设计研究机构之一。

向设计师教授"促导"

代尔夫特理工大学两位学者扬·伯斯（Jan Buijs）和马克·塔索尔（Marc Tassoul）的著作，探讨了"促导"在设计教育中的作用。他们提出了独树一帜的观点。在二人的紧密合作下，他们一方面进行了创意问题解决（CPS）和"促导"的理论学术研究，另一方面建立了它们与设计教育之间的联系。他们在这个领域发表了大批著作[①]。其中值得特别注意的是马克·塔索尔的书，《创意促导》（*Creative Facilitation*）。

《创意促导》打开了一个窗口，使人们可以了解连接 CPS 题材的著作和相关活动的综合学科（主要处于管理领域，通常不熟悉设计领域的形式和结论），并了解设计行为的实践活动。事实上，这本书是理解设计行为的完美起点。

这本书指导读者如何"促导"他人的创造性，并且被用作代尔夫特理工大学设计专业学生的创意促导课程（或模块）的教材。马克·塔索尔教授创意促导这门课程，帮助学生吸引其他非设计人士加入创意过程。马克毕业于代尔夫特的设计专业，同时也自己开设机构，专门促导各种情境下的活动，例如，推动企业、政府部门和中小型企业之间的创意交流。在最近的一个活动中他与欧洲空间局合作，探索欧洲空间局的研究和活动如何发挥更广泛的影响力。

我与马克·塔索尔有过多次会面。我们在一起讨论了设计教育者、

---

① 伯斯，2007 年；塔索尔和伯斯，2007 年。

培养开放设计师

案例研究 4

151

设计本身和"促导"在其中发挥的作用。我们讨论的出发点是，设计专业的学生接受的传统教育是他们应该询问用户（正如他们对这个群体的称呼），并试图了解用户的问题，然后离开用户，发挥自己的聪明才智，挥舞"神笔"（Magic Marker），设计出一样东西。"促导"与此截然相反；它不要求促导者有创意，而是要学会营造一个激发每个人创造力的环境。马克回应道："这不是在已设定范围内投入创意。如果你能建立一种氛围，帮助人们延迟判断，并且在做判断的那一刻参考多个体系的创意，那么这就有助于解决任何问题。"

由此引出的观点是促导者不需要关心内容，或者更确切地说，他们不需要评价创意。我与专业设计师的共事经验是他们很难对设计"袖手旁观"，放手给别人。盖伊·尤利尔等人认为设计师被灌输的观念是，自己是与众不同的、英雄般的人物。我有过数次与设计师的合作经历（或自己做设计师）。以上观点完全道出了我的心声。

马克对此再次回应道：

我完全同意。建筑师的情况更为严重。他们一般非常固执。他们很强势，要掌控整个建筑的设计过程。因此，与习惯引领过程的资深设计师共事，会有一种剑拔弩张的气氛。

我认为有三类设计。第一类是面向用户型，或者以用户为中心型；第二类是设计驱动型；第三类是实用型。现在的设计师基本都可归于这三类。第二类设计驱动型设计师的代表人物是飞利浦·斯塔克。这类设计师做提案，给出综合方案。以用户为中心的设计师更像是用户的仆人。实用型设计师不必给出惊艳的答案，只需走进工作间将设计付诸现实。

所以实用型设计通常出现于环境条件比较理想的情况中。设计驱动型设计师做设计时，设计师是上帝，他可以决定设计目标等诸如此类的事情。

人人争当主角是开放式工作遇到的一个严重问题。开放式工作的口号是合作，欢迎外界的想法，没有中心权威。马克解决这类问题的方法是让设计专业的学生袒露他们对等级制度的看法，正视大家的观点；同时一起讨论群体动力学以及怎样能够做到团队精诚合作，发挥 1+1>2 的功效。

提高对他人的敏感度以及对他人能力的认可，可能对设计师活动产生更深远的影响，因为在开放设计过程中专业设计师与外部参与者没有直接互动。

正如马克解释的：

这是一种领导风格。这是做领导的一种独特风格。领导风格多种多样，这是我们从中发现的一种，他们能够将它举一反三。在参加各种会议的过程中，如果你是项目负责人，你一定会逐渐形成固定的领导风格。

我认为"促导"不是说让我们去改变别人。人们内心对事物早已有一些理解，只是他们还不自知，可能过一段时间他们就会自行发现。促导的作用就是加快这个发现的过程。促导的另一个作用——仅限于我的猜想——可能是让人们醒悟，事实上不只有一种领导风格，或做事风格，检查自己是否陷入一种风格，这个只是我的猜想。

显而易见的是，虽然各个时期都不乏明星设计师（名人），但我们不必人人都追求扬名立万，最终其他类型的设计师可能具有更深远的影响力，尽管其也许不那么起眼。走促导路线的设计师致力于鼓励广泛的人群，最大限度地积极影响设计过程。在促导的影响下，参与创意过程的人群范围会进一步扩大。

进而使得笼络这些人的创意促导技能显得更为重要。事实证明，在马克教授的设计专业学生中，每年只有屈指可数的人有志于从事"促导"工作。他们成为承前启后的新一代专业促导者，工业设计世界被他们远远甩在了身后。

促导

目前大体上有两种促导方法。一种方法基于周围的结构和规划，另一种方法则更加依赖即兴发挥，接近于表演和戏剧。就开放设计而言，有趣之处在于何时以及如何运用即兴流程，别人如何知晓在哪种场合你"擅长"即兴发挥。即使在戏剧表演里，也鲜少有"判断即兴表演"的概念。马克对此的回应也非常耐人寻味。他在流程和空间上重新定义了这些问题，同时还介绍了拥有高效的即兴工作经验的必要性。

首先我要声明，流程和空间是不一样的两个概念。你可以更加专注于流程，同时也要给人们提供发挥创造性的空间。再返回来看流程，你会发现人们非常在意设计一个事无巨细、清晰明了的流程，并且去执行流程。你可以有一个非常清晰尽在掌控中的流程，或不太清楚、控制松散的流程。当你说要即兴发挥，我会非常随意，凭着直觉来，如果我感觉好，不太紧张，我的直觉就会有不错的表现。我不知道自己在干什么。我做对了，部分出于我的理性，部分凭借我的直觉。我认为理性的部分并不强于直觉的部分。

我非常欣赏能做出完美的、明确的计划的人，把自己想要的东西都落在纸上，在这儿在那儿做一些修改变动。但我认为即兴发挥是因人而异的。如果你已经掌握了一门技艺，有 10 年或 15 年的经验，那么你的即兴发挥也会与众不同。学生很少能兼顾计划和即兴发挥，偶尔能二者兼得。但是学生应该以较明确的方式开始，有一个明确的控制点。自控也非常重要。

我给学生上课时，会给他们讲一些经验，给他们讲有 15 年以上工作经验的某个人，你会认为那个人本身还没有准备好。但是他头脑中已经有了很多可用的东西，所以这不算真正的即兴发挥。但是如果我看到学生作为新手来做（即兴促导），我就会认为他们做的完全不对，因为他们并没有达到那个水平，也没有那样的经验，即兴发挥可能只是偷懒不想准备功课的托词，这个项目也就变得自欺欺人，流于表面，令人沮丧了。

中等水平的人必须有非常充分的准备，从一开始，你就应该对项目有足够的了解，这样你才可以随机应变，见招拆招。

凭借长期积累的经验，不费吹灰之力地即兴"促导"，与经验丰富的设计师才思泉涌有很多相似之处。它们都运用相同类型的、经过实践的，但不完全重复的机动程序作为认知工具，随着时间的推移，产生新概念。

这是探索设计和"促导"是否可能互为支撑，产生更紧密的联系的动力之一。

设计"促导"

为了学习创意"促导"模块，代尔夫特理工大学的学生必须跳出工业设计师的角色，以促导者的身份与不同群体的人相处。他们必须对讨论内容抱着不可知的态度，并对他人的想法不做评判。同时他们也被群体动力学所引导。在这一过程中，他们必须放下很多帮助他们成为富有个性的、新生代专业设计师的技巧和能力。例如，他们是优秀的沟通者（通过图形和文字），他们也擅长评估与组合不同的概念，同时能够在实践过程中用抽象思维思考。

问题是：在项目"促导"过程中或"促导"开发（实际上是"促导"设计）过程中，设计师能否既发挥开放促导者的能力，同时也能运用设计技能？这样做的潜在好处是，设计者不用在思考和做事时切换成"促导者"的模式，而是基于自己擅长的领域，引入新的创新可能性，实现有效"促导"。

马克曾有过这样的经历：

有一天，我们在动物园做一个项目，我们有一个专用场地，但每过 45 分钟大家就会被派到动物园的各个地方，完成不同的任务。

实际上，我们上课也是如此。学生需要策划一期活动，其中的一个标准是：整个计划是一个完整的故事。你计划的每一步，或者每一个细节都应该帮助你实现项目的构想，最好是与你在进行的主题有所关联，或者与灵感来源有所关联。因此我不喜欢用一些毫无意义的游戏，比如破冰游戏，整个活动上生搬硬套。

在某个项目中，我们为医院开发了新式病床，可以为躺在床上的病人洗澡。洗完澡后皮肤潮湿是一个很大的难题，病人整天躺在床上，他会感觉很不舒服，皮肤潮湿的后果不堪设想。

因此项目很大的关注点在于用适当的方法干燥皮肤。于是在活动开始时，我们请了一位志愿者假扮病人，两三位志愿者假扮帮助病人洗澡的人，其中有些参与者是销售人员。这次经历完全出乎他们的意料之外。因为我们也问了假扮病人的志愿者，并且确实把他们想象成病人。他们不必脱掉衣服，只需要在那个地方想象整个过程。这确实可以非常好地活跃气氛，等你再整理思路时，的确比刚开始的想法要成熟得多，也会有更多的实际收获。

在这里，马克将设计"促导"项目与策划流程划上等号。制订项目计划可以成为活动过程中有效的分析和角色扮演工具。实际上，这可能属于一种概念原型设计，特别是对有丰富的活动经验且深谙此道的团队来说更是如此；当然也可能属于活动中的角色扮演。然而，在一定意义上，有一个更富创造性，也比较传统的设计"促导"方式。这包括真正地用创造性思维思考，通过构思将各种异想天开变成有趣的可以落地的想法。代尔夫特理工大学的学生所做的与此无关，实际上他们运行的"促导"项目是已构思好的或经过修改的，而不是用正常的流程设计出来的。他们有时会做一些辅助项目促导的事情。正如马克说：

如果是一个残障人士的项目，（在活动开始前的）下午他们就会选好扮演哪种类型的残障人士。例如，活动开始前他们有一整个下午和晚上，有人选择扮演盲人，有人选择腿脚不方便的，或手有残疾的，或身体其他部位有残疾，然后各就各位，启动项目。如果你做的项目带有一定的新产品开发元素，我们会在那儿放一些样品，我个人喜欢贴一些海报，作为类比或暗喻或灵感的来源——对，就是诸如此类的道具。我会带一些糖果，带很多道具，我会带一个装满道具的大箱子，有小动物玩偶、豆豆袋、乐高，等等，箱子里随机装着一些玩具。如果他们能用得到，就可以拿来用。

这种反应非常巧妙地展示了设计活动的规划和起点之间的飘忽不定，它让人们模拟残障人士面临的困难，然后进入即兴"促导"过程中自发赋予物品意义和功能。

这里它与更公开的促导设计方式不谋而合，但二者不尽相同。例如，在项目进行过程中，有必要在团队中抛出一个观念，我们可以让大家站起来，每个人都发表自己的看法；但如果人太多，就需要很长的时间，也会让人觉得无聊。解决这个问题的办法是设计一个有趣的框架结构，加快个人介绍的速度，帮助人们记住提出各个观点的人的名字和脸。人们在 T 恤形状的纸上写下他们的想法，把高像素的、有趣的大头照插在 T 恤的领口处。这有助于参与者将发言的内容与发言人对号入座，帮助人们在随后的讨论中继续深入跟进。小的设计创意就能大大加快发言的速度。

有一个项目，需要100人在40分钟内发表个人的简单介绍。它采用了另一种方法来解决这个难题。（在兰开斯特大学由作者带领的）设计团队开发了一个iPad应用程序，每个人回答一个关键问题，并制作一个简短的视听演示材料，然后4人一组发表和讨论，最有趣的点在于之后房间内的各个小组需要互相分享。每个小组都要通过投票选出8个最有趣的回答，并向全体演示。这里小组之间的互动设计（和支持它的技术解决方案）以纯粹的即兴形式进行，完全不可能开展促导讨论。

　　这些例子使马克回想起过去他曾开发的设计活动，例如：

　　我曾做过很多项目，比如，曾经与鹿特丹市300名居民合作。我们认为人们各种不同的问题都是更大的问题的一个组成部分，所以我们做了很多巨型拼图块，所有的拼图块最终可以拼成一个完整的画面，人们需要用一片拼图代表他们的观点。然后象征性地表示所有这些解决方案可以重新拼接在一起，即使人们分处于不同的小分队。我们动用了一些道具或小组动力学，人员的流动，或者组织的流动，我们就称之为人员流动学吧，用它形容完美流程。同时我也认为因为一个想法会让你产生更多的想法，你因此可以创作出非常美妙的绘画、雕塑、T恤作品。这确实可以启迪心智，释放创作灵感。

　　在"促导"方面，我们需要在准备充分的方法和机动灵活的即兴之间进行权衡，而每个活动的情况也各不相同。有一些人不适合即兴发挥，需要稳固的计划框架。同样，也有一些人反应强烈，给他们限定一个框架结构反而不会产生好的效果。他们会忽略计划框架，遵循计划不是他们的天性。"促导"中蕴藏潜在的机会，可以设计帮助他人开展"促导"活动或者知识交流活动的工具。这个挑战的有趣之处在于开发的工具不会给人必须盲目跟随的感觉。正如马克所说：

是的，这也同样适用于准备。如果你准备充分，就是很好的项目计划。就像贝斯手、鼓手的演奏和你弹的曲调非常和谐，独唱者有自由发挥的空间，但是你知道贝斯手会带你进入旋律或把你拉回到原调上来。以迈尔斯·戴维斯（Miles Davis）为例，当他为独唱者伴奏时，他常常将他们推向音域的边缘或超出边缘，每次演奏他都会做一些大胆的尝试。最后，他会孤注一掷地凌驾于歌曲的整体结构之上。但是，有件事我们从没有提到过，这个人扮演的就是促导者的角色。我认为学习"促导"要掌握三种不同的能力。

第一个能力是工具和技巧，可以从书本上学，也可以通过考试检验，等等，答案非对即错。

第二个能力是促导者的个性。它的重要性不亚于第一个能力，只有通过实践和一起聊天才能锻炼出这种能力，这从书本里是学不来的。第三个能力是运用策略或具体操作，但它与团队的集体创意有关。团队需要有群策群力的经验。

代尔夫特理工大学教给学生的，非常坦白地讲，就是教学生在创意"促导"方面更加清醒地辨别哪些流程是可以被设计出来的。它不是一些即兴的活动，而是贯穿整个时间轴的、非常实际的东西，我们能收获一些切实的成果。

开放设计中"促导"的益处

我们从这些访谈中有很多发现，从广义上对于开放设计发展具有重要的意义，既包括设计教育内容，也包括专业设计活动的环境。首先要认识到代尔夫特理工大学这一举措的创新本质以及它带给学生的有关开放设计方面的益处。许多设计课程都会提及让用户参与设计过程，但它们进一步只会要求设计师把用户当作信息源。一般来说，在设计中，用户提供素材，设计师将其运用到封闭的创意流程中，给出解决方案。而代尔夫特理工大学的课程将参与者置于创作过程之中。这件事情对传统设计师来说难以接受，却给非设计人员提供了创新的机会，这是开放设计的一个，也许是唯一的一个关键因素。褪去设计师的身份，停止设计，反过来帮助他人创新，绝非易事。这是创意"促导"流程的关键，也是开放设计舞台需要的思维敏捷度的指标。

进一步探讨创意"促导"教学的话，马克·塔索尔在自己的个人创作实践中运用的即兴方法并不向设计专业学生推荐。他们需要更多的经验，才有可能成功地运用这种即兴方式。这反映出我们对获取设计技能和专业知识的看法。唐纳德·舍恩（Donald Schön）、布莱恩·劳森（Brian Lawson）和基斯·多斯特（Kees Dorst）等人详尽地描述了这一流程，他们都认可从业人员应该自觉地获取设计专业的知识，直到能凭直觉行事。为期10周的创意"促导"课程当然不足以让学生积累足够的经验，开发即兴的"促导"方式，但可以唤醒他们潜在的能力和兴趣，开启迈向成熟促导者的旅程。

设计"促导"的未来

要想发展壮大，开放设计需要利用一些设计行业内的经验和集体智慧的结晶。为了实现这一目标，我们需要培养新型设计人才，摆脱传统设计教育鼓吹的个人崇拜。代尔夫特理工大学推出的"促导"培训在这方面既有效也有创新。它要进一步采取措施，改变课程的复杂性以及设计与促导之间的相互作用，并有可能使开放设计流程更加富有成效。设计师不必停止设计，同时放弃设计过程中创意策划/创意部分一贯的主导地位，这也不无可能。马克的个人实践对此有所暗示，但尚处于学习阶段的学生无法企及。

针对马克的采访，我介绍了设计"促导"的概念。目前学习创意"促导"课程的学生需要构建自己的项目计划，然后与外部团队合作完成。这样的要求为学生提供了身临其境思考如何设计项目的机会，像设计椅子或 iPhone 应用程序的人一样，进行大量的研究、迭代、原型设计和测试工作。

帮助设计师在"促导"环境中运用自己的技能，潜在的好处无限。从战略上来看，设计师的问题发现和解决能力使他们在支持"促导"的环境概念（设计）上具有巨大的优势。更具体地说，可视化、交互设计和产品/服务/系统设计的技能都在创意"促导"活动中有用武之地。当然，这只是故事的一半，还有其他不属于一般设计教育体系的技能和感情，包括同理心、抵制等级制度、愿意将他人吸纳进入创新过程、放松对创意过程的控制等。这需要建立新的设计观念，将新的方法与交互设计结合，设计促导技能和优秀的"软"技能以执行设计项目，同时做出合宜的回应和即兴反应。

马克·塔索尔在代尔夫特理工大学的做法是朝着这一方向迈出的完美的第一步，但要真正实现"促导"设计，设计教育和有志于从事"促导"的专业设计人士都需要再迈出（至少）一步。

接下来的案例研究将详细介绍其中的一个项目。该项目雇用了一批专业设计师和创意人士，协同设计，并且"促导"共同设计过程。

这包括开发开放创新过程，创作过程涵盖一系列的利益相关者——从当地的遛狗者、景观建筑师、青少年、议会人员、环保主义者，再到英国女王的代表。

在 8 周的时间内，设计师构思并交付活动方案和干预措施。这些方案互相汲取其精华，从而产生周全的解决方案。它由利益相关者推动，并且没有沦陷为委员会设计。在这个过程中，该项目形成了参与开放创新的设计师的基本准则，这直接有助于"促导"设计以及开放设计项目的框架设计。

OPEN

DESIGN

AND

INNOVATION

案例研究 5

城堡之外：开放设计师在行动

本案例研究介绍"PROUD：城堡之外"项目，由英国兰开斯特市2000多人参与的一个共同设计项目。该项目采用激进的共同设计方式，在创作过程中具有高度的开放性。它聘用专业人员设计和提供创意"促导"，而不是引导创意过程。这种方式与应用场景本身共同构成了开放设计项目中设计师的 8 项原则框架的基础，本章的结尾将对此做具体陈述。

在前面的案例研究中，我们了解了代尔夫特理工大学的马克·塔索尔和他的同事们采用创新方法对学生进行"促导"培训。从逻辑上讲，我们将继续沿着这个思路来进一步思考"促导"设计本身，而不是过早地要求设计师抛开设计技巧、全身心地投入促导者的角色。

所以，对本案例中"PROUD：城堡之外"项目的研究，将大大有助于我们探索这种方法的有效性。这个项目表明，在现实世界中，当参与者群体的构成纷繁复杂时进行促导设计的可能性。这一项目的参与者包括遛狗的人、议会规划者、生态学家，甚至还包括孩子。

该项目由本书作者负责，属于兰开斯特大学的跨学科设计研究实验室——想象力兰开斯特（Imagination Lancaster）项目的一部分。其根本目的是考查专业设计师和创意人士是否能够设计一个"支架"或者结构，促使经验丰富、非常专业的人们对设计过程进行创新性输入（不仅是信息方面的）。这里的结构是指激发创造力、设计和创新的支持性条件，它可能是一个软件，一个实际的工具，工作坊的一项促导技术，或者一系列活动的日程。结构与开放之间的平衡是所有开放设计方案和项目的关键问题之一。从开源项目到维基百科，再到 Shapeways 周边的社区建设或 123D 设计，甚至到工具的机械性能，都无一例外地具有某种形式的结构。

城堡之外项目探究通过非常开放的共同设计，设计出开放设计流程的可能性。设计师将参与者当做信息来源，问完后转身离开，然后利用收集到的信息想出一些聪明的点子。

虽然以上做法拥有悠久且丰富多彩的历史，但是这个项目本身的目的是吸引人们参与到创意过程中来，并确保他们有表达自己想法的空间。

这要求培养结构化和灵活的创意生态系统。它允许许多不同形式的创意投入，而不只是设计师接受的传统培训方式。因此，例如，参与者不必将他们的想法化为特定的数值，在创意过程中书写、说话，甚至肢体语言与可视化同等重要。将参与者分散的创意贡献之间有意义地互相连接，灵活性是必需的要素。最终灵活性对于改变整个局面至关重要，在某些情况下，它甚至成为了项目进行过程中的决定性因素。例如，在项目进行过程中收到的集体回应将项目重点从改善物理条件（照明、道路、避雨亭）变成了举办会议活动。它释放的强烈信息是不要改变卫生条件恶劣的空间，这让最开始牵头该项目的议会公园部门大感意外。

这个项目需要结局具备这种灵活性，以此引导与推动项目的进程，同时保持项目人员的热情和积极性。同样从更实际的层面上来讲，若项目中有要回应的事项时，比如，一个设计概述或一组需求或者目标，这样的结构更容易推陈出新。

开放设计和共同设计

选择本案例研究的目的是，它探讨了开放设计涉及的一些根本问题。这些问题有时被网络式活动的技术挑战所掩盖。特别是它着眼于"促导"设计，平衡创造力的支撑和制约，以及如何激发多方的创意投入，而摒弃"委员会设计"。它的载体是一个实际的开发项目，开发的对象是兰开斯特市具有重要政治地位的城市中心空间。有 2000 人参与了这个项目，其中包括专业的设计师和创新人士，有 700 人为该项目做出了积极的贡献。

这里所介绍的城堡之外的案例研究是跨欧洲的大型设计合作项目的一个部分，目的是探寻共同设计如何帮助社区改善它们自然环境的某个方面。这个大型项目被称为 PROUD（People, Re-searchers Organisations Using co-Design，使用共同设计的人、研究者组织），由欧盟的一个名为 INTERREG IV 的项目资助。这个项目的目标非常有趣，体现了欧盟开放设计的潜力。欧盟委员会透露了有关的关键信息："该项目帮助建设更具凝聚力的欧盟社会，因为它最初的动机是不同国家的人为了欧盟公民息息相关的共同问题而合作。"这可以理解为在欧洲范围内呼吁社会或社区层面参与开放设计实践。

PROUD 项目的合作者（以及他们的工作区域）团队来自荷兰、德国、法国、比利时、卢森堡和芬兰。每个合作伙伴都面临一个区域性挑战，从广义上来说，需要改造有明确需求的城市或区域内的公共空间。合作者与当地利益相关者共同承担合作设计项目，以解决相关的需求。

除了这些挑战以外，PROUD 项目中英国合作者的目标在于探索和延伸不受技术框架限制的共同设计和开放设计的基本原则。此外，该项目还想建立货真价实、一视同仁、善始善终的流程。开放创作过程（无论是所谓的共同设计、开放设计、参与设计或别的什么）的结果差强人意，这样的例子有很多。这个项目力图证明开放流程确实能比设计师引导的项目带来更好的结果。

采用最开放的创新手段这种做法相当冒险，因为严肃地看待开放性（同时还要实现具体的可行性成果）会让参与项目的设计师、议会利益相关者和其他的专业团队感觉如鲠在喉。

正如一位市议会公共领域的官员所说的：

这相当困难，但是当我对此有所了解，就发现它的潜力所在。我们想说这是信心的飞跃，在议会内部并不受欢迎，因为我们习惯了有的放矢，并让一切尽在掌握，这样我们可以向公众有个交代，一般我们会说："对，这件事情我们计划用 6 个月的时间，最后我们会实现这个目标。"这需要有大跨步的信心飞跃，在项目中途尤为明显。当某些合作伙伴有所退缩时，要走过去说："对，在这件事上我们相信你，你会为我们带来一些能用的东西。"并且要带着这种信心继续向前。

很明显，对任何参与者来说，这都不会是简单的、用数字就可以衡量的项目，部分原因在于项目希望加强人们对共同设计的理解。而且，正如我们将看到的那样，如何将人们移出舒适区对此项目的成功至关重要。

"PROUD：城堡之外"，兰开斯特市，英国

从区域性挑战的背景来看，兰开斯特是位于英格兰西北部的一个城市。有一座山可以俯瞰整个城市，山上还有一座城堡。该城堡距离城市的中心购物区约有 5 分钟的步行路程。城堡的另一边是一片尚未开发、杂草丛生的区域，一直向下延伸到轮河（River Lune），占地面积约 800 平方米。它主要是骑自行车的人、遛狗的人和青少年的活动空间，有时无家可归的人也会在这里非法地安营扎寨。这个区域也是一个罗马澡堂的旧址，地下有四个罗马堡垒的遗迹。它属于国家级考古遗址，政府严令禁止开发这片区域。

过去城堡曾被用做低设防监狱，可关押 250 个人。不久以前，监狱被关闭，所有权收归皇室（女王的私人属地）。国家已决定将城堡改造成博物馆、高档酒店和户外表演场地。这意味着这个地区的面貌将发生翻天覆地的变化，预计每年将增加 10 万名游客。由于只有城堡建筑本身归皇室所有，而周围的土地归市议会所有，因此项目开发需要市议会和皇室之间密切合作。此外，该地区的树根开始破坏考古遗址。所以，有必要重新思考区域的功能定位以及它是否可以被改造，尤其在城堡开发和

游客人数增加的情况下。

　　所以，此项目对市议会本身可以说既是一种压力，也是一种挑战。压力在于议会需要对此做出回应并制订连贯的计划，这片区域开发赢得了政界和社会的支持。挑战则是，市民普遍认为标准的议会咨询流程的作用更多地在于对即有决定的沟通，而不是集思广益。从一定程度上说，在此项目一线工作的官员比较认可这种方式。该项目结束时，其中一位高级环境官员在评估采访中这样说道：

　　我们接手城市公园项目（城堡之外项目的原用名）只有几个月的时间，但是我们知道前面已经做过一些计划和咨询了。我认为，咨询的方法不妥当，没有实际的内容，让一些人感觉是被迫的。我们的主要目标之一是另辟蹊径、重新来过，提出人人都能接受的解决方案。PROUD 正是要满足大多数人的需求。

　　传统的咨询流程启动后，PROUD 项目也被邀请加入，承担共同设计项目，从而帮助制订项目计划。回顾迄今为止的历次咨询会，总能听到一个强烈抗拒的声音："不要再向我们咨询了！"参加咨询会的人群非常固定，总是反复听到无法带来任何实际效果的同样的意见和想法，他们也不胜其烦。详细了解咨询内容后，我们得出了四个主要结论。

1. 一些关键的利益相关者会提出一些重复的问题，包括历史、交通便利性以及环境方面的问题。

2. "城市公园"这个名字有问题。这个空间不是公园。自维多利亚时代起，兰开斯特已建立了几个正规的公园。名字中有"公园"二字，就像是提出了一种假设，这个空间应该像那些正式的公园

一样。这会给人们先入为主的印象。

3. 我们需要将参与咨询会的人的范围进一步扩大，而不只是局限于有时间、有意愿参与的人们。

4. 我们需要审时度势，与参与者一起设计新的共同设计方案，而不是总与同样的人群密集地做徒劳无功的活动。

与市和郡议会合作

事实证明，第三点和第四点提议让参与城市公园项目的议会官员感到无所适从。虽然我们事先告知他们所采用的方法的开放程度，但这两点还是让他们意识到自己无法掌控整个过程，对一些议会小组成员来说，这确实带来了很大的压力（同样，我们后期聘请的设计师也感到了压力，后面的内容会介绍）。这个事例证明了习惯于掌控局面和处于权威地位的人们从事开放项目有多难。

这表明围绕开放设计产生的一些突发状况：首先，同意开放与实际上开放完全是两码事，后者完全不知道预期结果是什么，以及会遇到什么状况。其次，摸索出与持不同观点和办事流程的人们交流的方法是非常必要的。最后，更根本的问题与项目架构有关。在这种情况下，颠覆工作的正常模式并且推动更开放的方式，需要有明确的干预措施。干预措施的作用如同海港墙，一边抵挡波涛汹涌，一边为细腻的想法创造平静的生长空间。在实践中，这意味着管理 PROUD 项目有时会顾此失彼，一方面与议会的利益相关者过于热络，另一方面使设计师在这个过程中被孤立起来。不受外界影响的独立空间使人们能够自由畅想。合作、梦想、表达自己对开放设计实践至关重要。

否定一般的正常实践模式的需求，对开发新的合作和创作方法很重要。同样至关重要的是，在打破旧有模式或新旧交替的混沌中存在某个时刻：结果开始渐渐浮现，再次向参与者证实确认走出舒适区是非常值得做的一件事情。这可以帮助人们有很好的第一次开放创新的体验，比如，第一次使用全新的数字系统（如我们在 Gadgeteer 案例中看到的，制作网络摄像头作为简单的初试项目）或举办一个工作坊，让初试者做一些容易的、有奖励的事情，把他们的积极性调动起来。

在项目的早期阶段，对议会进行积极的理念灌输绝非易事，因为这么做不仅需要暂停正在进行的公共层面的参与活动，同时还要招聘五位设计师，并与他们共同设计一个新流程。这也意味着议会被丢到一个有些悬而未决的境地；团队无法告诉他们结果如何，准确的流程是什么，哪些人会参与。一些官员对此很兴奋，把它当做一次历险；但还有些官员在面对不确定性时，无法泰然处之；而且，我们也从一些设计师身上发现了对不确定性产生不适感的现象。这再次证实了我们的论点，不是每个人都适合参与开放过程。

在成功开展了一些公共活动后，议会的工作人员更加容易说服他们的上级（以及上级的上级），项目最终会有一些有趣的结果。从这方面来看，完善的记录文档和实时更新的网站信息就至关重要。正如市议会的主要联系人所说：

我发现拍一些照片特别有用。将活动现场的精彩画面通过电子邮件发出去，直观地呈现不同年龄段的人都参与其中，问一下对方："你看到照片了吗？""对，是的，拍得非常好。"就算他们无法参加，但是他们看到了照片，就像吃了一粒定心丸，是的，与各种不同背景的人们共同参与一个项目没有问题。我想这时情况就大不一样了。

走到这一步需要 3 个月的幕后工作。主要工作内容包括明确招聘需求，招募并最终确定项目的创意专家。该小组有五个核心创意专家，每位专家的工作时间为 14~16 天。他们并不全是设计师。而寻找的新型创意专家组成了一个实验性的混搭团队，其中包括一位提供专业知识的景观设计师（且是当地居民）、一位帮助解读空间定位的品牌专家、一位曾参与过银＝金项目的年轻的荷兰设计师、一位探讨非可视化共同设计可能性的参与叙述专家以及一位经验丰富的促导者。另外，为 PROUD 项目量身打造的职位描述也很好地归纳了新型的、专业的"开放设计师"的特质。这些标准如下。

- 丰富的设计经验；为什么不利用专业设计师群体数十年积累并传承的经验？
- 专家或具备特定领域的知识，具备希佩尔及其领先用户所描述的所有优势。
- 在创造力方面具备非设计技能。可视化是实现创新的唯一方法。
- 具备良好的沟通技巧，可以与背景广泛、观点各异的人沟通。
- 具备相关的专业知识，能通过促导提高他人的创新力。

除了"开放创意人员"，该项目还聘用了一位共同设计经理。她的工作重点是流程的组织和管理。开放创意人员与一位优秀的管理人员合作，确保后勤、材料、网络和联系全部到位，使设计师能够完全按照他们的构思运作项目。这是支持项目构架或体系的一个关键。共同设计经理还负责将设计师的愿景投射到项目的总体目标上，在适当的情况下，开展各种活动，保证不偏离目标。这是前面提到的创造"风平浪静"的环境的另一个方面，洛特·凡·伍尔分特·帕尔森（Lotte Van Wulfften Palthe），城堡之外项目具代表性的设计师之一，评论道：

只有项目目标明确、概念清晰，才有可能造就严密的组织。这两方面确实已经成为组织的重要构成。在项目进行过程中，它有助于保持项目纯粹的本质。这对团队很重要，因为我们设计的流程从不会直线发展。有时你会迷失，忘记项目的初心。这时守护支持体系的人就会提醒你什么是主要目标，这是非常关键的。最后好的组织会为团队营造自由的工作氛围。自由尝试，从自己和彼此身上获取最好的成果。

对开放设计而言，从该项目中可以学习到的功课是后勤、行政支持和项目管理，这些都是项目进行中非常重要的环节，即使它们只有在出现状况时才能真正引起大家的注意。一方面我们需要技术娴熟、上进心强的人，另一方面他们的功劳往往会被掩盖。因此我们面临的挑战就是如何确保开放设计项目能得到这方面的支持。

干预措施

创意团队的首要任务是拿出整整两天的时间让大家一起讨论、策划、熟悉项目。这段时间需要大家（与其他参与者）达成共同设计的共识，并提出 PROUD 项目的共同设计方案需求。也正是这两天的时间，有一位创意人员提出了"城堡之外"的名字，很快被整个项目组采纳，它显然比"城市公园"更加恰当。

最后，大家共同制订了五项合作活动计划，构成了解决当地问题的共同设计内容。这五项活动如下。

城堡之外：兰开斯特中心购物广场的一个角落被改造成"城堡之外"地区的代表性地段。在那里举行宣传活动，使用长达 3 米的地区模型，邀请路人记录他们在城堡周围区域的活动以及可改进的地方。

想象一下所有的故事：在城堡后面的绿地上举行了 8 场相互关联的活动。通过讲故事的方式，用开放设计的理念将这些活动串联起来。在真人扮演的罗马百夫长和沼泽仙女的帮助下，把过去带入现实。这样做的目的在于建立更深入的互动，并以家庭和年轻人为目标群体。

想象一下公园的形状：它首次描述在城堡之外地区可能的开发项目，并且对这些干预措施做物理建模。本次活动的参加者年龄跨度相当大，涵盖了 3~92 岁的人群。

展望未来：这是一个不同类型的活动。其他的项目活动无须任何登记，对公众完全开放。这个活动则须挑选 15 个最活跃、最有趣的贡献者，让他们协助理清以前的活动中所积累的 2 000 多个创意的具体含义，以便有效地推动流程向下一阶段发展。在精心设计的积极促导活动中，小组确定并排列了 80 个左右更普遍的价值或情感价值，需要牢记于心。它们上面被贴了"不要忘了"的标签（例如，"不要忘了让人们参与这个流程"或"不要忘了这个空间供游客、居民使用"）。该团队还负责分析迄今为止收集到的创意主题，并确定主题范围内的共同因素（例如，历史或文化活动）。

该团队也负责发现互相矛盾的需求，例如，希望拥有更加便利的交通、更多更好的线路以及进一步改善照明环境，但同时也强烈希望"保持原生态"。

共同设计展：设计师承诺举办交互式共同设计展，但他们对展览的模样没有清晰的概念。设计具备发散与收敛思维、原型设计等常规元素的活动，这是其中一个很好的例证。与一系列领先用户合作，允许他们提出一个计划，让参观者先沉浸在所有已提交的创意中，然后建立一个互动过程，使他们有机会真正共同合作制定新的解决方案，解决他们所选择的问题。到这个阶段，会给人营造一种他们是在为共同设计打基础、而不是直接参与共同设计的感觉。

接下来的活动是让人们选择一个"别忘了"和主题分析中的一个要素，再选择一个提示问题（例如，"怎样才可能用不到 1 000 英镑的经费执行这项工作"），提出建议并记在纸箱上。参加者平均需要 40 分钟以上的时间才能给出建议，有时参加者会在展会上与志愿者交谈，但这种情况属于少数。

个体参与者提出的设计建议的创意范围之广、复杂程度之大令人惊叹。纸箱的 6 个面常常写满了理念以及开发思路。大多数创意都非常好，例如，基于细致入微的美学分析，建议在该地区搭建一个观景台；还有设置一个可攀爬的雕塑。这个创意来自两个年幼的孩子，令人耳目一新，动感十足。这些创意正在进入流程的下一阶段（PROUD 并不参与）。

这些创意经过解读分析，细节变得更加丰富（和大范围的预备想法、意见和建议），然后被提交给市议会。通过收集源自城堡之外项目中的推荐和建议，议会确认城堡之外的开发进程已经规划到了 2020 年。

设计师的开放设计指南

事实证明，城堡之外是一个行之有效的共同设计项目，我们从中可以学习到一些重要的开放设计的经验。它对于专业设计人员能够为开放设计做贡献尤为重要。有些设计师很难真正地开放创意过程，大方地欢迎其他人加入进来，即使他们自认为已经做到了开放。有些设计师参与项目时，没办法放下自己的专家架子。与其他参与者互动时，他们认为自己的专业知识和设计的流程更为有效，无法"走下神坛"，这导致的结果就是协商；或者更糟糕的是，对其他参与者指手画脚。这显然改变了开放协作的本质。开放设计流程所面临的挑战正是如何推动和促进这种更广泛的创意交流。一些城堡之外的设计师经历的困难也恰恰表明了专业设计贡献于开放设计时面临着更大的挑战。

将城堡之外项目移交给地方议会后，为了探索项目呈现的差异以及所反映的问题，英国 PROUD 团队制定了开放创意过程的 8 项基本原则，尤其侧重于专业设计师应该怎样看待自己对开放设计的贡献这一点。

1. 确认衡量项目成功的标准。如果没有目标或标准，如何确认项目的进展，并以此为动力？我们可以设立长期的战略性目标，或者是短期的战术性目标，或两者（最有可能）的结合。就项目本身而言，它可以是创造性的，但一套核心的目标和标准是必不可少的。

2. 跳出常规的设计实践。整个城堡之外项目的主要成果之一是，如果要避免"委员会设计"，参与者就必须改变他们思考问题的方式并超越自己出于直觉的最初想法。这样做的风险是每个人都有一个理想的状态，然后互相妥协让步，直到妥协到彼此都能接受的地步，最后达成一致，但每个人都不开心。所以，这需要新的流程，而非调低期望值以实现某种折衷的惯常做法。这些都是新兴事物，但需要帮助参与者，特别是设计师，抛开自己心中已经成型的解决方案，与其他参加者共同找到一套新的思路。

3. 参与并尊重他人。承认不是只有设计师才可以产生好创意，这是所有开放设计方法的核心。每个人都贡献了创意、推动了进程向前发展。这不是说，每个人都具有完全相同的创新能力，但对于一个特定的项目而言，创造能力不仅仅蕴藏在专业设计师里。同样，这可能对设计师提出一个挑战，因为设计师认为他们才是带给项目的最后的"魔力"。并不是诋毁设计专业，但历史告诉我们，在许多情况下，职业设计师并不比其他人的创造力更强。

4. 运用各方参与者的专业知识。除了创造力，参与者都拥有各自的专业知识。我们应该接纳这些专业知识，并将它们当做流程的消息源。在这样的背景下，设计师处于和其他参与者平等的地位。潜在的风险是，在"开放"设计过程中，设计师变得被动，并确实感觉自己束手无策。开放设计的目的不是让"用户"凌驾于设计师之上，而是完全去除支配与服从的系统。真正的挑战是让尽可能多的人参与，让他们做出最积极的贡献。

5. 让每个人都可以发挥自己的创造力。大多数传统艺术学校毕业的设计师都被灌输了一套特定的方式和方法，他们的视角和创作过程都会受到一定的条条框框所限。一般来说，这与可视化、发散性思维以及"想他人所不敢想"等方式有关。设计师需要从心理以及头脑中真正接受还有其他创新的途径这个事实，此外，如果他们没有达到自己的预期目标，也不表明他们比别人逊色。项目在开放设计过程中必须有接纳不同类型的创造力的空间，以及促进这些不同创造力框架之间交流的空间。在城堡之外案例中，某场研讨会其中的一个环节要求居民填写意见表；一位居民拒绝在当下做出回应，而是选择离开、思考，然后再回来。两天后，她带着答案回来了，列出了一长串非常积极的建议和想法。这种方式与最初要求居民参加的"头脑风暴"模式截然不同。其实，聪明的设计师应该意识到理解和运用这些框架是提高自身实践成果的捷径。

6. 探索和挑战假设。这强化了上述关于动机以及影响所有参与者动机的因素的观点。有些假设可能是隐藏的、高度相关的信息，或者用希佩尔的话来说，可用于公开分享的"黏性"信息。同样这些假设不一定适用于所有情况，可能不再像它们第一次出现时那样是块绊脚石。它能得到创新研究很好的支持；而未确认的假设可能会带来不必要的路径依赖，也就是说，毫无理由地封闭探索通道。

7. 期待超越平均水平。 甚至 PROUD 项目的国际合作伙伴都会感觉到，虽然参与性或包容性等方法都很值得尝试，但通常没有好的设计作品产生。开放设计流程要想走得更远，必须摆脱这种局面。这包含两个方面的含义：其一，开放设计流程不应该是显而易见、杂乱无章或不痛不痒的咨询与信息收集工作，而是应该设计非同寻常的、好玩的、动态的流程，最大限度地发挥参与者的潜力。这并不需要很高的预算或噱头，只需运用一些设计能力去创造一些好东西。其二，这些开放设计的成果，无论是产品、服务，或是知识与理解，必须在特定的环境条件下兼具质量、效率和创新。创新成果可能是一个新型的城市交通运输系统，或是为某个人打造的一件珠宝，但如果最终的结果不尽如人意（然而，这是针对某个特定项目而言），开放式方法也终将昙花一现。

8. 用尽可能完美的设计成果为项目收官。 这是指我们要肯定流程是集体努力的结果，并且肯定集体的贡献。我们应记录各项贡献，而不应该让参与者"悬空"，在项目文档中对他们的意见或想法只字不提。推而广之，我们应该将最后的结果与商定的成功标准进行比较。明确取得了哪些成就，项目的下一步走向。项目周期（可能）重新启动，但具有集体前进的积极意义。

结论

在开放设计中，就人员协作和专业设计的作用这两个方面来说，城堡之外项目提供了一定的思考角度。我们需要谨慎地把握提供开放设计传播的支持结构与自由地剑走偏锋之间的平衡。这里的结构包括教导、示范性项目、要遵循的指导、使用的组件或其他类型的支持，为开放设计的蓬勃发展创造一片沃土。

但有一个矫枉过正的现象：结构和支持太多会变为禁锢，开放设计变成隐藏在设计师手中的流于表面的形式。就其本身而言，这不是一场灾难，但它与当前成熟的设计实践毫无差别。稍作指点就企图将非设计人员改造为设计师，然后希望他们与具有多年实践和指导经验的设计师一样发挥作用，这也相当危险。鉴于此，在城堡之外项目中，我们曾认真讨论过项目的障碍、规则或结构。这些结构无一例外地源自项目参与者的灵感并由他们建立，而不是从外部强加的。

我们的专业创意人员所起的作用对更广义地思考开放设计项目来说具有非比寻常的意义。项目刚开始时有些人的想法是引领创新，随着项目的推进而改变了自己的方法，开始以更加开放的态度看待共同设计。但是有些人没能实现这种转变；还有一些人对支持他人的创意得心应手，但对自己直接参与项目无所适从。PROUD 团队或多或少地预料到了这种参与者的分化，但正如斯特凡·文森特的最差实践的例子所反映的那样，我们低估了推动跨学科设计所需的时间、精力和由此产生的预算。

OPEN
DESIGN
AND
INNOVATION

第三部分

未来

OPEN DESIGN AND INNOVATION:

Facilitating Creativity in Everyone

OPEN

DESIGN

AND

INNOVATION

第七章

| 开放设计师的未来 |

本书从人的角度，而非技术的角度来探讨开放设计的布局。在这个总结性章节里，我们将民主化设计、创新、联创及其他一些开放创新方法汇总到一起。本章重点讨论开放设计的多样性以及设计师在进行开放设计时所面临的挑战，以便读者可以更好地了解本书的案例研究所限定的语境。最后，我们将看到"促导"可以解决这些问题，它既是传授的知识内容本身，也是介绍新的设计方法。本章结尾将就专业设计在未来如何发展，以及怎样积极回应开放设计给出建议。

预言

当然从某种意义上来说，这本书已然就是未来。当你读到这本书的时候，可能是稿件完成的几个月或几年之后。如果本书仅关注开放设计当下所运用的技术，可能就会给读者造成一定的困扰。谁能把握几年后快速原型设计会如何发展？Fab Lab 会更加普及，还是会步 MySpace、the Zune、诺基亚和"bullet time"的后尘，制造者浪漫的情怀会被经济现实打败，最后退出历史舞台？

在开放设计的技术可能性的表面之下，真正的驱动因素在于人的需求和想法。总体来看，人的需求和想法暂时不会改变。通过这些根本的动机，不同人的行为会汇集成为指引设计和开放设计发展的推动力。这些推动力将决定哪些技术被发扬光大，哪些技术被束之高阁。例如，针孔外科手术用了 20 年时间才被广泛使用，因为它曾与外科医生的大男子主义文化相悖。只有等到昔日的医学生成长为高级医师时，外科医生的态度才有所转变。

向设计学习

开放设计的一个问题在于，它将互相冲突的人、观点、学科、技术，甚至意识形态聚集到了一起。但通常不包括从这些学科中学习到的那些集体性的经验教训。例如，随着 Gadgeteer 项目的推进，参与的研究人员纠结于外壳设计，因为他们没有借鉴专业设计领域早已成熟的经验。设计也遇到过类似的问题。楚格设计没有任何开发数字网络平台的经验，因此它推出的可下载设计被 Shapeways、Kickstarter 等服务取代。这些服务由新的商业模式驱动，而不受设计价值驱动。

在设计史上，开放方法（开放设计）的干预由来已久。这些都无一例外地彰显了"低俗文化"的重要性、用户生成内容模式的兴起、个性化的需求以及个人制造的潜力。在历史的大背景下，为了顺应这种趋势，许多设计师尝试生产非设计的事物。Archigram 项目，还有意大利的反设计运动都是其中的代表。20 世纪 80 年代，随着孟菲斯团队的诞生，公众参与到达巅峰。更近期的是楚格设计打着半成品"do create"系列的旗号，推出了一些有趣的干预措施。

除了专业设计以外，诸如情景主义者之类的团体采取了偏政治性的行动，推动了创意团体的兴起，这具有现实的影响力，他们通过朋克音乐、《地球目录》（*Whole Earth Catalogue*）、爱好者杂志以及 DIY 等方式大放异彩。

在商业世界、激进政治以及普通人个性化购买商品的行为的夹击下，设计师作为形式给予者以及品位代言人的传统角色受到了挑战。许多专业设计行业重蹈摄影行业的覆辙，在过去的 15 年间发生了翻天覆地的变化。现在的摄影业出现了健康（但规模很小）艺术和专家专业行业。为人们记录日常活动的全职摄影师，比如拍摄全家福，基本都已消失殆尽。

摄影行业的支持性基础设施也被牵连，发生了震荡。几乎所有的照片冲印和打印社都关门倒闭。在设计行业，我们会发现传统意义上的专业设计师（上过 3 年艺术学校）的数量在急剧下滑。行业内的"优胜劣汰"大大削减了那些水平一般的设计师，以及那些门门精通却样样稀松的设计师的优势，而对出类拔萃的设计师影响较小。只花很少的钱，你自己花几个小时就能做的事儿，为什么要花大价钱找别人做？

设计人才的集中（或者平庸的设计师被淘汰）并不意味着传统的专业化程度被削弱。产品、服务、系统、互动、交流如今紧密交织，传统学科很难再一家独大。这是新型设计活动和新型专业设计崛起的机遇。

我们开始看到一些比较好的设计教育机构开发了新的课程，其中包括表现优异的代尔夫特理工大学以及值得肯定的米兰理工大学（Politecnico diMilano）、格拉斯哥艺术学院（Glasgow School of Art）、皇家艺术学院（Royal College of Art）与兰开斯特大学。毫无疑问这个队伍还会不断地壮大。

案例研究

新型设计、联创、创新以及开放设计的格局构成了本书案例研究的基础。从广义上来讲，它们涵盖了：

- 开放设计方法的多样性；
- 传统设计师参与开放创新时面临的问题；
- 设计教育中培养新型开放设计师的策略；
- 行动中的新型"开放设计师"以及他们带给开放设计活动的益处。

案例研究开篇就深入探究了两种大相径庭的开放设计方法：Gadgeteer 是硬件 – 软件系统，非专业人士可使用它设计、构造、分享自己的电子产品，例如，MPS 播放器、防盗警报或者数码相机；27 区则属于另一个极端，它运用开放设计方法制定新的城市政策。

纵观整个开放设计领域，专业设计师并不是创意过程的指挥官，参与开放设计的设计师身处这样的位置常会感到无所适从。通常传统的设计教育会告诉他们自己的主要作用就是负责设计过程中的灵感或创意"魔法"。卸下了这个责任后，他们常常会感到无法定义自己的角色。这一点在银＝金项目中表现得尤为突出。非常优秀的设计师非但没有帮忙，反而对创意过程大包大揽。

设计师面临的第一个挑战是接受根本不存在主要创意者的事实，放松对开放创新过程的控制欲。第二个挑战是尽管"开放设计"一词中有"设计"，但设计在开放设计活动中仅仅起到不温不火的作用。实际上，如果"开放创新"一词还没有（使用过度）给人造成先入为主的印象，使用"开放创新"表达开放设计的含义更为精确；或者，如果有人要玩文字游戏，就可以用"纯粹的开放创新"来表达。在前面的章节中，我们看到早在 20 世纪 30 年代，开放创新就广为人知，被用来作为一般创新想法的统称。跳出现有的商业模式，采用协作方法进行构思、传播、分享、修改创意以及构造创意，确实表达了开放创新系统的含义。

设计师需要找到投身开放创新的新途径。PROUD 项目的设计师制作了开放创新流程的支撑或支持体系，供他人使用。在这里，专业设计师利用自己的创意技能，帮助他人进入创意过程。这个方法非常成功，它不仅使项目参与者能牢牢把握住项目的创意内容，而且项目的质量与之前设计师孤军奋战创造的成果相比也获得了客户的更高评价。

话虽如此，参与"PROUD：城堡之外"项目团队的五位设计师还是经过了精心的选拔，他们普遍具有很强的自我"重要感"，让这个团队的某个成员放下"主管专家"的身段可以说是绝无可能的。所以，为了提高广泛传播的设计对开放过程的贡献度，大多数设计师需要转变思维模式。代尔夫特理工大学开展的工业设计等课程开始培养新一代设计师。他们乐于促进他人的创造力，并且不自视为创意源泉。兰开斯特大学的设计研究实验室"想象力兰开斯特"进一步延展了设计师作为促导者的观念，他们所从事的促导设计研究也初见成果。它将长期磨砺的设计技能与设计创新方法相结合，推动开放方法的发展。

设计参与者

在新兴的开放设计领域，专业设计处于什么位置？本书的案例分析指出设计专业人员有两个全新的角色。第一个是在开放设计协作过程中将设计师置于积极参与者的位置。这类设计活动已经存在，设计师对开放项目的贡献也与其他人别无二致。另外，还有一种方式，即设计师可以调试自己的技能，提高开放设计的效率，同时设计师的经验也有更多的用武之地。

除了专业知识和才能之外，接受过训练的专业设计人员还可以运用不同的思维框架或方式进行创新，也能够用他人的"创意语言"讲话。勾勒轮廓和可视化是设计师的重要构思工具，而其他具有不同背景的人则是以不同的方式进行创新。开放设计师应该娴熟地运用各种不同的创新方法，而且他们还应该快速高效地学会新的创新语言。开放设计师是流浪的创新者，可以适应在各种不同环境下高效地工作，并且不拘泥于特定的流程，但要"入乡随俗"，最大限度地挖掘所有项目参与者的潜力。

设计促导者

第二类人，设计促导者，是从事开放设计流程设计的人。此类设计不但包括对促导、研讨会、会议以及其他"场景"的设计，而且也包括对软件平台、供应链以及制造系统等活动的设计。虽然从表面上看这些活动千差万别，但是实际上存在一个共同的元素贯穿于所有这类活动中。核心的问题就是与参与者互动的设计和管理，创建一个能够最大程度地激发参与者设计与创新潜能的情境。

互动可以是与团队成员的直接互动，也可以是与开发自身项目社区间的较为松散的互动，抑或是与创建自己产品的个体间的互动。而开放设计成功的关键恰恰就是使这些互动尽量物有所值。PROUD 案例研究呈现的 8 个开放设计原则为设计促导者评估成功地建立并推动开放设计项目提供了指导性框架。

1. 确认衡量项目成功的标准。

2. 跳出常规的设计实践。

3. 参与并尊重他人。

4. 运用各方参与者的专业知识。

5. 让每个人都可以发挥自己的创造力。

6. 探索和挑战假设。

7. 期待超越平均水平。

8. 用尽可能完美的设计成果为项目收官。

当前大多数设计师都是非常偶然地参与到开放设计项目中，虽也投入了时间和精力，但他们并没有获得与其专业技能相符的报酬。而目前也有少数设计师认可了学习（或者学习的概念）不同的创意语言有助于观点迥异但视角新颖的人们进行交流和合作这一点。

同样，只有极少数的设计师认同自己在设计"促导"，他们在运用自己的设计技能创建有效的新结构，帮助背景各异的人用自己的方式创新。从长期来看，随着越来越多的人都拥有了创新机会，设计开放设计"语境"以激发人们的创造力，将是专业设计在未来的出路。

OPEN

DESIGN

AND

INNOVATION

参考文献

Abel, B.van, Evers, L., Klaassen, R.and Troxler, P.（2011）.Open Design Now: Why Design Cannot Remain Exclusive.Amsterdam: BIS Publishers.

AIGA.（2006）.The D.I.Y.debate.Retrieved 16 January 2012 from http://www.aiga. org/content.cfm/content.cfm/the-diy-debate.

Allen, R.C.（1983）.Collective invention.Journal of Economic Behavior & Organization, 4（1）, 1–24.Retrieved from http://linkinghub.elsevier.com/retrieve/ pii/0167268183900239

Ambasz, E.（ed.）（1972）.Italy: The New Domestic Landscape.New York: Museum of Modern Art.

Atkinson, P.（2006）.Do it yourself: democracy and design.Journal of Design History, 19.

Atkinson, P.（2010）.Boundaries? What boundaries? The crisis of design in a post-professional era.Design, 13（2）, 137–155.

Atkinson, P.（2011）.Orchestral manoeuvres in design.In B.van Abel et al.（eds）, Open Design Now: Why Design Cannot Remain Exclusive（1st edn）.Amsterdam: BIS Publishers.

Bayer, H.（1938）.Bauhaus 1919–1928.Ed.Herbert Bayer and Walter Gropius.New York: The Museum of Modern Art.

Beegan, G.and Atkinson, P.（2008）.Professionalism, amateurism and the boundaries of design.Journal of Design History, 21（4）, 305–313.

Brabham，D.C.（2012）.The myth of amateur crowds：a critical discourse analysis of crowdsourcing coverage.Information，Communication & Society，15（3），394–410.

Branzi，A.（1984）.The Hot House：Italian New Wave Design.Cambridge，MA：MIT Press.

Brink，T.，Gergle，D.and Wood，S.（2002）.Usability for the Web.London：Morgan Kaufman Press.

Buijs，J.（2007）.Innovation leaders should be controlled schizophrenics.Creativity and Innovation Management，16（2），203–210.

Busignani，A.（1973）.Gropius.London：Hamlin.

Chesbrough，H.（2002）.Graceful exits and missed opportunities：Xerox's management of its technology spin-off organizations.Business History Review，76（4），803–837.

Chesbrough，H.（2003）.Open Innovation：The New Imperative for Creating and Profiting from Technology.Boston，MA：Harvard Business School Press.

Chesbrough，H.，Vanhaverbeke，W.and West，J.（eds）.（2008）.Open Innovation：Researching a New Paradigm. Oxford：Oxford University Press.

Chiaroni，D.and Chiesa，V.（2010）.Unravelling the process from closed to open innovation: evidence from mature，asset intensive industries.R&D Management.Retrieved from http://onlinelibrary.wiley.com.

Christensen，C.M.（1997）.The Innovator's Dilemma：When New Technologies Cause Great Firms to Fail.Boston，MA：Harvard Business School Press.

Constant.（1951）.Another city，another life.Situationist International Magazine.

Constant.（2001）.New Babylon：an urbanism.In I.Borden and S.McCreery（eds），New Babylonians，12–14.London：Wiley-Academy.

Coyne，R.（2005）.Wicked problems revisited.Design Studies，26（1），5–17. doi:10.1016/j.destud.2004.06.005.

Cruickshank, L. (1999) .Generative tools, using the postmodern.In Visual-Narrative Matrix Conference, Fine Art Research Centre, Southampton Institute.Southampton.

Cruickshank, L. (2010) .The innovation dimension: designing in a broader context.Design Issues, 26 (2), 17–26.doi:10.1162/DESI_a_00002.

Cruickshank, L.and Atkinson, P. (2013) .Closing in on open design: comparing casual and critical design challenges.In Crafting the Future: 10th European Academy of Design Conference, 1–15.Gothenburg.Retrieved from http://www.trippus.se/eventus/userfiles/39743.pdf.

Cruickshank, L.and Evans, M. (2012) .Designing creative frameworks: design thinking as an engine for new facilitation approaches.International Journal of Arts and Technology, 5 (1), 73–85.

Deleuze, G.and Guattari, F. (1996) .A Thousand Plateaux: Capitalism and Schizophrenia.Trans. B.Massumi.London: Athlone Press.

Dodgson, M., Gann, D.and Salter, A. (2006) .The role of technology in the shift towards open innovation: the case.R&D Management, 36 (3), 333–346.

Dorst, C.H. (2006) .Design problems and design paradoxes.Design Issues, 22 (3), 4–17.

Dosi, G. (1982) .Technological paradigms and technological trajectories.Research Policy, 11, 147–162.

Downs, G.W.and Mohr, L.B. (1976) .Conceptual issues in the study of innovation.Administrative Science Quarterly, 21 (4), 700–714.

Findelli, A. (1998) .Moholy-Nagy's design pedagogy in Chicago 1937–46.In V.Margolin and R. Buchanan (eds), The Idea of Design, 29–44.Cambridge, MA: MIT Press.

Frascara, J. (1997) .User-Centred Graphic Design: Mass Communications and Social Change. London: Taylor-Francis.

参
考
文
献

Garcia, R.and Calantone, R. (2002).A critical look at technological innovation typology and innovativeness terminology: a literature review.Journal of Product Innovation Management, 19, 110–132.

Gatignon, H., Tushman, M.L., Smith, W.and Anderson, P. (2002).A structural approach to assessing innovation: construct development of innovation locus, type, and characteristics.Management Science, 48 (9), 1103–1122.

Gilbert Scott, G. (1857).Remarks on Secular and Domestic Architecture, Present and Future.London: J.Murray.

Goel, V. (1995).Sketches of Thought.Cambridge, MA: MIT Press.

Hanson S. (2010).The secret behind Moonpig.Retrieved 10 April 2013 from http://www.director.co.uk/magazine/2010/5_May/Moonpig_63_09.html.

Hobday, M., Boddington, A.and Grantham, A. (2011).An innovation perspective on design: Part 1.Design Issues, 27 (4), 5–15.

Howe, J. (2006).The rise of crowdsourcing.Wired, 14 (6).

Huizingh, E.K.R.E. (2010).Open innovation: state of the art and future perspectives.Technovation, 31 (1), 2–9.

Julier, G. (2000).The Culture of Design.London: Sage Publications.

Kadushin, R. (2010).Open design manifesto.Retrieved 6 May 2013 from http://www.ronen-kadushin.com/files/4613/4530/1263/Open_Design_Manifesto-Ronen_Kadushin_.pdf.

Kensing, F.and Blomberg, J. (1998).Participatory design: issues and concerns. Computer Supported Cooperative Work, 7, 167–185.

Kensing, F., Simonsen, J.and Bødker, K. (1996).MUST – a method for participatory design.In J.Blomberg, F.Kensing, and E.Dykstra-Erickson (eds), Proceedings of the Fourth Biennial Conference on Participatory Design, Boston, Massachussets, USA, 13–15 November 1996, 129–140.Palo Alto, CA: Computer

Professionals for Social Responsibility.

Kline, S.J.and Rosenberg, N. (1986) .An overview of innovation.In N.R.F.Landau (ed.), The Positive Sum Strategy: Harnessing Technology for Economic Growth, 275–305. Washington DC: National Academy Press.

Knight, J.and Jefsioutine, M. (2002) .Understanding the user-experience: tools for user-centred design of interactive media.In D.Durling and J.Shackleton (eds), Common Ground.Proceedings of the Design Research Society International Conference at Brunel University, 530–536.Stoke on Trent: Staffordshire University Press.

Krippendorff, K. (1989) .On the essential contexts of artifacts or on the proposition that 'design is making sense (of things)' .Design Issues, 5 (2), 9–39.

Kuhn, T. (1970) .The Structure of Scientific Revolution.Chicago: The University of Chicago Press.

Lawson, B. (1999) .How Designers Think: The Design Process Demystified. London: Architectural Press.

Lawson, B. (2004) .What Designers Know.Amsterdam: Architectural Press.

Leadbeater, C. (2008) .We-Think: Mass Innovation, Not Mass Production: The Power of Mass Creativity.London: Profile Books.

Leadbeater, C.and Miller, P. (2004) .The pro-am revolution: how enthusiasts are changing our economy and society.Retrieved from http://www.demos.co.uk/files/proamrevolutionfinal.pdf?1240939425.

Lupton, E. (2006) .D.I.Y.Design It Yourself.New York: Princeton Architectural Press.

McKay, G. (ed.) . (1998) .DiY Culture: Party and Protest in Nineties Britain. London: Verso.

Nielsen, J. (1993) .Usability Engineering.London: Academic Press.

Oudshoorn, N.and Pinch, T.J. (2003) .How Users Matter: The Co-Construction

参考文献

of Users and Technology（Inside Technology Series）.Ed.N.Oudshoorn and T.J.Pinch. Cambridge，MA：MIT Press.

Pavitt，K.（1984）.Sectoral patterns of technical change：towards a taxonomy and a theory.Research Policy，13，343–373.

Perens，B.（2008）.The open source definition.In C.Di-Bona，S.Ockman and M.Stone（eds），Open Sources：Voices from the Open Source Revolution，171–188. Sebastopol，CA：O'Reilly.

Peterson，E.（2003）.E-merging e-commerce.Wearables Business，June.

Powell，W.and Grodal，S.（2005）.Networks of innovators.In J.Fagerberg， D.C.Mowery and R.R.Nelson（eds），The Oxford Handbook of Innovation，56–85. Oxford：Oxford University Press.

Poynor，R.（2008）.Down with innovation：today's business buzzwords reflect a bad attitude about design.The International Design Magazine，55（3），41.

Ramakers，R.（2002）.Droog design in context Less + More.Rotterdam：010 Publishers.

Ramakers，R.and Bakker，G.（eds）.（1998）.Droog Design：Spirit of the Nineties.Rotterdam：010 Publishers.

Ramakers，R.and Van der Zanden，J.（2000）.do create，do and Droog Design. Amsterdam：Kesselskramer.

Rand，P.（1993）.Design，Form，and Chaos（1st edn）.New Haven：Yale University Press.

Sadler，S.（1998）.The Situationist City.Cambridge，MA：MIT Press.

Satullo，C.（2008）.Crowdsourcing：idea power from the people.Philadelphia Inquirer，14 September，3.Philadelphia.

Schon，D.（1987）.Educating the Reflective Practitioner.San Francisco：Jossey-Bass.

Schumpeter, J. (1934).The Theory of Economic Development: An Inquiry into Profits, Capital, Credit, Interest, and the Business Cycle.Cambridge, MA: Harvard University Press.

Sless, S. (2002).Philosophy as design: a project for our times.In 3rd International Conference of the Design Education Association.Cardiff.

Snodgrass, A.and Coyne, R. (1997).Is designing hermeneutical? Architectural Theory Review, 1 (1), 65–97.

Tassoul, M. (2009).Creative Facilitation (3rd edn).Delft: VSSD.

Tassoul, M.and Buijs, J. (2007).Clustering: an essential step from diverging to converging.Creativity and Innovation Management, 16 (1), 16–26.

Thomke, S.and Von Hippel, E. (2002).Customers as innovators: a new way to create value.Harvard Business Review, April, 74–81.

Trott, P.and Hartmann, D. (2009).Why 'open innovation' is old wine in new bottles.International Journal of Innovation Management, 13 (4), 715–736.

Van Der Meer, H. (2007).Open innovation – the Dutch treat: challenges in thinking in business models.Creativity and Innovation Management, 16 (2), 192–203.

Vaneigem, R. (1994).The Revolution of Everyday Life.Trans.and ed.D.Nicholson-Smith.London: Rebel Press/Left Bank Books.

Von Hippel, E. (2006).Democratizing Innovation.Cambridge, MA: MIT Press.

Wood, D. (2009).The myth of crowdsourcing: crowds don't innovate – individuals do.Forbes.Retrieved from http://www.forbes.com/2009/09/28/crowdsourcing-enterprise-innovation-technology-cio-network-jargonspy.html.

参
考
文
献

好书推荐

基本信息

书名：《颠覆性思维：想别人所未想，做别人所未做（第2版）》
作者：【美】卢克·威廉姆斯（Luke Williams）
定价：45.00 元
书号：978-7-115-42603-1
出版社：人民邮电出版社
出版日期：2016 年 7 月

推荐理由

★ 原版书为亚马逊商业投资类畅销书，中文版第 1 版自 2011 年上市以来，同样也是各家网站商业策划和产品设计类的畅销书。

★ 作者卢克是享誉国际的咨询顾问与教育家，上一版出版时还是"设计界的苹果"Frog design 青蛙设计的创意总监，跟随青蛙一路走来，设计领域五花八门，合作者均为苹果、LV、迪士尼、微软一类的行业领航者。

★ 在变化莫测的商业竞争中，获胜的方法只有一个——那就是，彻底改变游戏规则。第 2 版教你如何追赶 Uber、Airbnb、Instagram、Facebook，了解苹果是否真的没有用户调查；迪士尼的儿童电子产品为何能抗衡索尼；Airbnb 如何让投资人追悔莫及；Instagram 的成功与柯达的失败。

★ 第 2 版内容较之第 1 版，增加与修改了 1/3 的内容，作者对于如何管理与引领创新变革的理解，希望能在这个变化莫测的时代对那些一直致力于成为颠覆性商业领袖的人有所启发。

名家和媒体推荐

卢克·威廉姆斯向如今的企业发出了一个强有力的信息：小心！等到有那么几个人在车库里想出足以置你于死地的创意时，一切都晚了！

琳达·蒂施勒《快公司》高级编辑

千万别被书名吓到。书中介绍的很多实用的、有效的方法将改变你原有创新和推销创意的方式。

塞斯·高汀《做不可代替的人》作者

编辑电话：010-81055646　　读者热线：010-81055656　81055657

好书推荐

基本信息

书名：《大数据思维与决策》

作者：【美】伊恩·艾瑞斯

定价：45.00 元

书号：978-7-115-37065-5

出版社：人民邮电出版社

出版日期：2014 年 10 月

推荐理由

★ 大数据时代奠基之作，*Surper Crunchers* 的中文升级版。

★《经济学人》十大好书、《纽约时报》畅销书。

★ 诺贝尔经济学奖获得者肯尼斯·阿罗，《魔鬼经济学》作者史蒂芬·列维特联袂推荐。

★《纽约时报》《经济学人》《福布斯》《连线》《发现》《Protfolio》等十余家权威媒体合力推荐。

名家和媒体评论

伊恩生动而严谨地描述了定量分析和大数据决策方法的运用……社会科学家和商界人士在享受阅读乐趣的同时都可以从本书中获益。

肯尼斯·阿罗（Kenneth Arrow），诺贝尔经济学奖得主，斯坦福大学荣誉教授

在过去，直觉和经验主导着我们的生活。如今，时代变迁，游戏的名字已改为大数据分析。伊恩·艾瑞斯在这本奠基之作《大数据思维与决策》中告诉我们更名换代的原因以及变化的形式。这本书不仅充满了阅读的乐趣，而且能改变你的思维方式。

史蒂芬·列维特（Steven D. Levitt），《魔鬼经济学》作者

伊恩认为，人类总是过于高估自己的直觉，而很少去倾听身边数字所发出的声音……书中最有趣的故事就是，伊恩和各位经济学家运用大数据分析解决葡萄酒评级、法官审案或失业率核算等问题……伊恩就是一位数据侦探，完成了令人惊喜的研究。

《纽约时报》